高 等 学 校 专 业 教 材

现代仪器分析实验

汪洪武　主　编
姚　夙　副主编

中国轻工业出版社

图书在版编目（CIP）数据

现代仪器分析实验/汪洪武主编．—北京：中国轻工业出版社，2022.6
ISBN 978-7-5184-3923-2

Ⅰ.①现…　Ⅱ.①汪…　Ⅲ.①仪器分析—实验—高等学校—教材　Ⅳ.①O657-33

中国版本图书馆 CIP 数据核字（2022）第 050216 号

责任编辑：罗晓航
策划编辑：罗晓航　　责任终审：白　洁　　封面设计：锋尚设计
版式设计：砚祥志远　　责任校对：宋绿叶　　责任监印：张　可

出版发行：中国轻工业出版社（北京东长安街 6 号，邮编：100740）
印　　刷：三河市万龙印装有限公司
经　　销：各地新华书店
版　　次：2022 年 6 月第 1 版第 1 次印刷
开　　本：787×1092　1/16　印张：10.75
字　　数：248 千字
书　　号：ISBN 978-7-5184-3923-2　定价：39.00 元
邮购电话：010-65241695
发行电话：010-85119835　传真：85113293
网　　址：http://www.chlip.com.cn
Email：club@chlip.com.cn
如发现图书残缺请与我社邮购联系调换
210081J1X101ZBW

本书编审人员

主　　编　汪洪武

副 主 编　姚　夙

参编人员　韦寿莲　关文碧　叶银坚

朱培杰　操江飞　梁乐欣

陈毅平　许海林　吴　佳

前言 | Preface

现代仪器分析实验是食品、医药、生物、环境和化学等专业重要的基础课之一。《现代仪器分析实验》教材以地方院校的应用型学生培养目标为依据，在参考同类教材、相关教材及多年教学经验的基础上编写而成。通过本课程的学习使学生基本掌握目前国内外普遍应用的现代仪器分析的基本原理和方法，通过实验训练学生正确使用常用分析仪器，科学地处理实验数据。本课程培养学生良好的实验技能和严谨细致、实事求是的科学作风，使学生初步具有应用仪器分析法解决分析化学问题的能力，并使其逐步具备科技人员应有的素质。

本教材的特色在于突出了应用性，着重培养学生科学实践能力，以提高学生的动手能力。教材中所选取的实验都是按照国家标准及《中华人民共和国药典》（简称《中国药典》）中的方法进行编写的，具有较强的实践性，能帮助学生实现与工作岗位的无缝对接。实验室常用小型设备的使用与维护及样品制备方法的介绍使本教材的内容更加广泛，实用性更加突出，体系更加完整。

本教材着重介绍国家标准分析方法和《中国药典》中的分析方法，内容涉及仪器分析基本实验、食品营养成分测定、添加剂和防腐剂的检测、有毒有害物质的残留量检测、天然产物中有效成分的测定，涵盖多个专业内容。安排设计性实验，以提高学生的自学能力，以及独立思考、发现问题、解决问题的能力。

本教材共分为十三章，包括现代仪器分析实验基础知识、紫外-可见分光光度法、原子吸收光谱法、电感耦合等离子体法、红外光谱法、电化学分析法、分子荧光光谱与化学发光分析法、气相色谱法、高效液相色谱法、色谱-质谱联用技术、离子色谱法、毛细管电泳法及热分析法等，共 43 个实验。

本教材编写分工如下：汪洪武负责第一章；姚夙、叶银坚负责第二章、第五章、第六章；许海林、梁乐欣负责第三章、第四章；汪洪武、陈毅平负责第七章；关文碧、朱培杰负责第八章、第九章、第十章；韦寿莲、操江飞、吴佳负责第十一章、第十二章、第十三章；汪洪武负责全书统稿。对于在本教材编写、出版过程中给予指导和帮助的各位专家、同人，在此一并表示感谢。

本教材可供高等学校及高职院校食品科学与工程、食品质量与安全、动植物检验检疫、中药学、制药工程、药剂分析、生物工程、生物技术、生物制药、应用化学等专业作为教材，也可供各类食品企业、环境分析、第三方检测机构等单位的相关科技人员参考。

限于编者的水平及时间关系，疏漏之处在所难免，敬请读者不吝赐教！

编者

2022 年 2 月

目录 Contents

第一章

现代仪器分析实验基础知识

第一节　现代仪器分析实验的基本要求

一、基本要求概述

现代仪器分析实验是现代仪器分析课程的重要内容，是培养学生独立操作、观察记录、分析归纳、撰写报告等多方面能力的重要实践环节。主要目的是加深学生对现代仪器分析方法基本原理和基本知识的理解；熟悉常见仪器的基本结构和工作原理，掌握各类仪器的正确使用方法，了解各类仪器分析方法的应用；提高基本实验技能以及观察实验现象、独立思考和解决问题的基本能力，规范实验数据记录、处理和结果的表达，从而培养学生良好的实验习惯、实事求是的科学态度、严谨细致的工作作风、创新意识和实践能力。为达到上述教学目的和要求，学生必须有正确的学习态度和良好的学习方法，做到实验前认真预习，实验中认真操作和实验后认真撰写实验报告。

1. 课前预习

预习是做好实验的前提。学生进入实验室前，必须做好预习工作。学生应根据实验所用的具体仪器，通过教材、虚拟仿真动画等资料，预习仪器的基本结构、工作原理及使用方法。明确实验目的、实验原理、操作步骤、注意事项并思考实验中可能遇到的问题，从而写出完整的预习报告。实验前由指导教师检查预习报告，若发现预习不够充分，应停止实验，待熟悉实验内容后再进行实验。

2. 认真听讲

现代仪器分析实验中使用的一般都是大型贵重精密仪器，使用之前要认真听取实验指导教师对仪器使用的讲解，要在教师指导下熟悉和使用仪器，保证基本操作规范化。

3. 实验过程

严格遵守仪器操作规程，认真动手，勤于动脑。保持肃静，集中精力，认真操作，仔细观察实验现象，及时将观察到的实验现象及测得的各种数据如实地记录在专门的记录本上，记录做到简明、扼要、字迹工整；积极思考问题，并运用所学理论解释实验现象，研究实验中的问题。如果发现实验现象和理论不符合，应认真检查原因，遇到疑难问题而自己难以解释时可请教实验指导教师，必要时重做实验。实验结束后，将所用仪器及时擦拭和洗涤干净。按照操作规范关闭仪器，保证实验室的整洁卫生，关好水、电、门窗，填写仪器使用记录。

4. 实验报告

实验结束后应及时书写实验报告。实验报告要做到简明扼要，图表规范，数据处理得当。实验报告还应包括对实验过程中出现的问题进行讨论并提出自己的见解、分析实验误差、探讨实验方案的改进意见等。

二、仪器分析实验室安全守则

1. 实验室安全常识

在实验室中，经常与有毒性、有腐蚀性、易燃烧和具有爆炸性的化学药品接触，常常使用易碎的玻璃和瓷质器皿，以及在煤气、水、电等高温电热设备的环境下进行着紧张而细致的工作，因此，必须十分重视安全工作。

（1）进入实验室开始工作前应了解煤气总阀门、水阀门及电闸所在处。离开实验室时，一定要将室内检查一遍，应关好水、电、煤气的开关，锁好门窗。

（2）使用煤气灯时，应先将火柴点燃，一手执火柴紧靠近灯口，一手慢开煤气门。不能先开煤气门，后燃火柴。灯焰大小和火力强弱，应根据实验的需要来调节。用火时，应做到火着人在，人走火灭。

（3）使用电器设备（如烘箱、恒温水浴、离心机、电炉等）时，严防触电；绝不可用湿手开关电闸和电器开关。必要时应该用试电笔检查电器设备是否漏电，凡是漏电的仪器，一律禁止使用。

（4）使用浓酸、浓碱，必须佩戴防酸碱手套、口罩和护目镜，极为小心地操作，防止溅出。用移液管量取这些试剂时，必须使用吸耳球，绝对不能用口吸取。若不慎溅在实验台上或地面，必须及时用湿抹布擦洗干净。如果溅到皮肤应立即用大量清水冲洗，冲洗完进行相应的药品擦拭，必要时就医。

（5）使用可燃物，特别是易燃物（如乙醚、丙酮、乙醇、苯、金属钠等）时，应特别小心。不要将大量易燃物放在桌上，更不要靠近火焰处。只有在远离火源时，或将火焰熄灭后，才可大量倾倒易燃液体。低沸点的有机溶剂禁止在火上直接加热，只能在水浴上利用回流冷凝管加热或蒸馏。

（6）如果不慎倾出了相当量的易燃液体，则应按下述法处理：立即关闭室内所有的火源和电加热器，然后关门，开启小窗及窗户。用毛巾或抹布擦拭洒出的液体，并将液体拧到大的容器中，然后再倒入带塞的玻璃瓶中。

（7）用油浴操作时，应小心加热，不断用温度计测量，不要使温度超过油的燃烧温度。

（8）易燃和易爆炸物质的残渣（如金属钠、白磷、火柴头）不得倒入污物桶或水槽中，应收集在指定的容器内。

（9）废液，特别是强酸和强碱不能直接倒在水槽中，应分类收集于废液桶中，交由具有资质的专业机构处置。

（10）易制毒化学品应按实验室的规定办理审批手续后领取，使用时严格操作，用后妥善处理。

2. 实验室灭火法

实验中一旦发生了火灾切不可惊慌失措，应保持镇静。首先立即切断室内一切火源和电源。然后根据具体情况正确地进行抢救和灭火。常用的方法有：

（1）在可燃液体燃着时，应立即拿开着火区域内的一切可燃物质，关闭通风器，防止扩大燃烧。若着火面积较小，可用湿布、铁片或沙土覆盖，隔绝空气使之熄灭。但覆盖时要轻，避免碰坏或打翻盛有易燃溶剂的玻璃器皿，导致更多的溶剂流出而再着火。

（2）酒精及其他可溶于水的液体着火时，可用水灭火。

（3）汽油、乙醚、甲苯等有机溶剂着火时，应用石棉布或沙土扑灭。绝对不能用水，否则会扩大燃烧面积。

（4）金属钠着火时，可把沙子倒在它的上面。

（5）导线着火时不能用水及二氧化碳灭火器，应切断电源或用四氯化碳灭火器。

（6）衣服烧着时切忌奔走，可用衣服、大衣等包裹身体或躺在地上滚动，以灭火。

（7）发生火灾时应注意保护现场物品。较大的着火事故应立即报警。

3. 实验室急救

若实验过程中不慎发生受伤事故，应立即采取适当的急救措施。

（1）玻璃割伤及其他机械损伤时，首先必须检查伤口内有无玻璃或金属物等碎片，然后用硼酸水洗净，再擦碘酒或紫药水，必要时用纱布包扎。若伤口较大或过深而大量出血，应迅速在伤口上部和下部扎紧血管止血，立即到医院诊治。

（2）烫伤时，一般用浓的（90%~95%）酒精消毒后，涂上苦味酸软膏。如果伤处红痛或红肿（一级灼伤），可用橄榄油或用棉花沾酒精敷盖伤处；若皮肤起泡（二级灼伤），不要弄破水泡，防止感染；酌烧伤处皮肤呈棕色或黑色（三级灼伤），应用干燥而无菌的消毒纱布轻轻包扎好，急送医院治疗。

（3）强碱（如氢氧化钠、氢氧化钾）、钠、钾等触及皮肤而引起灼伤时，要先用大量自来水冲洗，再用 20~50g/L 乙酸溶液或 30g/L 硼酸溶液涂洗。

（4）强酸、溴等触及皮肤而致灼伤时，应立即用大量自来水冲洗，再以 50g/L 碳酸氢钠溶液或 50g/L 氢氧化铵溶液洗涤。

（5）如酚触及皮肤引起灼伤，应该用大量的水清洗，并用肥皂和水洗涤，忌用乙醇。

（6）如煤气中毒时，应立即到室外呼吸新鲜空气，若严重时应立即到医院诊治。

（7）水银容易由呼吸道进入人体，也可以经皮肤直接吸收而引起积累性中毒。严重中毒的征象是口中有金属气味，呼出气体也有气味，流唾液，牙床及嘴唇上有黑色的硫化汞，淋巴结及唾液腺肿大。若不慎中毒时，应送医院急救。急性中毒时，通常用碳粉或呕吐剂彻底洗胃，或者食入蛋白质（如 1L 牛乳+3 个鸡蛋清）或蓖麻油解毒并使之呕吐。

（8）触电时可按下述方法之一切断电路：

①关闭电源。

②用干木棍使导线与触电者分开。

③使触电者和土地分离，急救时急救者必须做好防止触电的安全措施，手或脚必须绝缘。

4. 实验室常识

（1）移动干净玻璃仪器时，勿使手指接触仪器内部。

（2）量瓶不要用作盛器。带有磨口玻璃塞的量瓶等仪器的瓶塞，不要盖错。带玻璃塞的仪器和玻璃瓶等，如果暂时不使用，要用纸条把瓶塞和瓶口隔开。

（3）洗净的仪器要放在架上或干净纱布上晾干，不能用抹布擦拭；更不能用抹布擦拭仪器内壁。

（4）除微生物实验操作要求外，不要用棉花代替橡皮塞或木塞堵瓶口或试管口。

（5）不要用纸片覆盖烧杯和锥形瓶等。

（6）不要用滤纸称量药品，更不能用滤纸做记录。

（7）不要用石蜡封闭精细药品的瓶口，以免掺混。

（8）标签纸的大小应与容器相称，或用大小相当的白纸，绝对不能用滤纸。标签上要写明物质的名称、规格和浓度、配制日期及配制人。标签应贴在试剂瓶或烧杯的 2/3 处，试管等细长形容器则贴在上部。

（9）使用铅笔写标记时，要在玻璃仪器的磨砂玻璃处。如用玻璃蜡笔或水不溶性油漆笔，则写在玻璃容器的光滑面上。

（10）取用试剂和标准溶液后，需立即盖好瓶塞，放回原处。取出的试剂和标准溶液，如未用尽，切勿倒回瓶内，以免带入杂质。

（11）凡是发生烟雾、有毒气体和有臭味气体的实验，均应在通风橱内进行。橱门应紧闭，非必要时不能打开。

（12）用实验动物进行实验时，不许戏弄动物。进行杀死或解剖等操作，必须按照规定方法进行。

（13）使用贵重仪器如分析天平、比色计、分光光度计、酸度计、冷冻离心机、层析设备等，应十分重视，加倍爱护。使用前，应熟知使用方法。若有问题，随时请指导实验的教师解答。使用时，要严格遵守操作规程。发生故障时，应立即关闭仪器，并告知管理人员，不得擅自拆修。

（14）一般容量仪器的容积都是在 20℃ 下校准的。使用时如温度差异在 5℃ 以内，容积改变不大，可以忽略不计。

5. 玻璃仪器的洗涤及各种洗液的配制法

实验中所使用的玻璃仪器清洁与否，直接影响实验结果，往往由于仪器的不清洁或被污染而造成较大的实验误差，甚至会出现相反的实验结果。因此，玻璃仪器的洗涤清洁工作非常重要。

（1）初用玻璃仪器的清洗　新购买的玻璃仪器表面常附着有游离的碱性物质，可先用洗洁精稀释液、肥皂水或去污粉等洗刷再用自来水洗净，然后浸泡在 10~20g/L 盐酸溶液中过夜（不少于 4h），再用自来水冲洗，最后用蒸馏水冲洗 2~3 次，在 80~100℃ 烘箱内烘干备用。

（2）使用过的玻璃仪器的清洗

①一般玻璃仪器：如试管、烧杯、锥形瓶等。先用自来水洗刷至无污物；再选用大小合适的毛刷蘸取洗涤灵稀释液或浸入洗涤灵稀释液内，将器皿内外（特别是内壁）细心刷洗，用自来水冲洗干净后，蒸馏水冲洗 2~3 次，烘干或倒置在清洁处，干后备用。凡洗净的玻璃器皿，不应在器壁上带有水珠，否则表示尚未洗干净，应再按上述方法重新洗涤。若发现内壁有难以去掉的污迹，应分别试用下述各种洗涤剂予以清除，再重新冲洗。

②量器：如移液管、滴定管、量瓶等。使用后应立即浸泡于凉水中，勿使物质干涸。工作完毕后用流水冲洗，去除附着的试剂、蛋白质等物质，晾干后浸泡在铬酸洗液中 4~6h（或过夜），再用自来水充分冲洗、最后用超纯水冲洗 2~4 次，风干备用。

③其他：盛过传染性样品的容器，如病毒、传染病患者的血清等玷污过的容器。应先进行高温（或其他方法）消毒后再进行清洗。盛过各种有毒药品，特别是剧毒药品和放射性同位素等物质的容器，必须经过专门处理，确知没有残余毒物存在，方可进行清洗。

（3）洗涤液的种类和配制方法

①铬酸洗液（重铬酸钾-硫酸洗液，简称洗液）：广泛用于玻璃仪器的洗涤。常用的配制方法有下述四种：

a. 取 100mL 工业浓硫酸置于烧杯内，小心加热，然后慢慢加入 5g 重铬酸钾粉末，边加边搅拌，待全部溶解后冷却，贮于具玻璃塞的细口瓶内。

b. 称取 5g 重铬酸钾粉末置于 250mL 烧杯中，加水 5mL，尽量使其溶解。慢慢加入浓硫酸 100mL，边加边搅拌。冷却后贮存备用。

c. 称取 80g 重铬酸钾，溶于 1000mL 自来水中，慢慢加入工业硫酸 100mL（边加边搅拌）。

d. 称取 200g 重铬酸钾，溶于 500mL 自来水中，慢慢加入工业硫酸 500mL（边加边搅拌）。

②浓盐酸（工业用）：可洗去水垢或某些无机盐沉淀。

③5%（体积分数）草酸溶液：用数滴硫酸酸化，可洗去高锰酸钾的痕迹。

④5%~10%（质量分数）磷酸三钠（$Na_3PO_4 \cdot 12H_2O$）溶液：可洗涤油污物。

⑤30%（体积分数）硝酸溶液：洗涤 CO_2 测定仪器及微量滴管。

⑥5%~10%（质量分数）乙二胺四乙酸二钠（$EDTA-Na_2$）溶液：加热煮沸可洗脱玻璃仪器内壁的白色沉淀物。

⑦尿素洗涤液：为蛋白质的良好溶剂，适用于洗涤盛蛋白质制剂及血样的容器。

⑧酒精与浓硝酸混合液：最适合于洗净滴定管，在滴定管中加入 3mL 酒精，然后沿管壁慢慢加入 4mL 浓硝酸（相对密度 1.4），盖住滴定管管口，利用所产生的氧化氮洗净滴定管。

⑨有机溶剂：如丙酮、乙醇、乙醚等可用于洗去油脂、脂溶性染料等污痕。二甲苯可洗脱油漆的污垢。

⑩氢氧化钾的乙醇溶液和含有高锰酸钾的氢氧化钠溶液：是两种强碱性的洗涤液，对

玻璃仪器的侵蚀性很强，清除容器内壁污垢，洗涤时间不宜过长。使用时应小心慎重。上述洗涤液可多次使用，但是使用前必须将待洗涤的玻璃仪器先用水冲洗多次，除去肥皂、去污粉或各种废液。若仪器上有凡士林或羊毛脂时，应先用纸擦去，然后用乙醇或乙醚擦净后才能使用洗液，否则会使洗涤液迅速失效。例如，肥皂水、有机溶剂（如乙醇、甲醛等）及少量油污都会使重铬酸钾-硫酸洗液变成绿色，减低洗涤能力。

三、仪器分析实验室一般知识

1. 实验室对水的要求

在仪器分析实验工作中，容器洗涤、样品溶解处理、试剂配制、标准溶液制备及仪器管路清洗都离不开水。一般天然水和自来水中常含有氯化物、碳酸盐、硫酸盐、泥沙及少量有机物等杂质，会增加光谱仪器、色谱仪器的背景值，影响分析结果的准确度和分辨率。因此，仪器分析实验用水必须经过净化，达到国家标准中规定的实验室用水标准后，才能用于实验。《分析实验室用水规格和试验方法》（GB/T 6682—2008）和《仪器分析用高纯水规格及试验方法》（GB/T 33087—2016）中详细规定了仪器分析实验用水的规定和技术指标，以及仪器分析用高纯水的规格和试验方法。仪器分析实验用纯水规格有一级水、二级水和三级水，见表 1-1。其中一级水用于有严格要求的仪器分析实验，包括对颗粒有要求的实验，如高效液相色谱分析用水；二级水用于无机痕量分析等实验，如原子吸收光谱分析用水；三级水用于一般化学分析实验。

表 1-1　　仪器分析实验室用水的水质规格

名称	一级水	二级水	三级水
pH 范围（25℃）①	—	—	5.0~7.5
电导率（25℃）/（mS/m）	≤0.01	≤0.10	≤0.50
可氧化物质含量②（以 O 计）/（mg/L）	—	≤0.08	≤0.40
吸光度（254nm，1cm 光程）	≤0.001	≤0.01	—
蒸发残渣［（125±2）℃］含量②/（mg/L）	—	≤1.0	≤2.0
可溶性硅（以 SiO_2 计）含量/（mg/L）	≤0.01	≤0.02	—

注：①由于在一级水、二级水的纯度下，难以测定其真实的 pH，因此，对一级水、二级水的 pH 范围不做规定。
②由于在一级水的纯度下，难以测定可氧化物质和蒸发残渣，对其限量不做规定。可用其他条件和制备方法来保证一级水的质量。

目前，实验室的纯水主要是去离子水和纯水仪制备的纯水。去离子水的制备是将自来水作为原水，依次通过阳离子树脂交换柱、阴离子树脂交换柱、阴阳离子树脂交换柱，这样得到的水纯度比蒸馏水的高，质量可达到二级或一级水指标，但对有机物和非离子型杂质去除效果较差，因此可将去离子水重蒸以得到高纯水。纯水仪制备的纯水有一级、二级和三级等，可以根据实验内容和要求进行选取。

2. 仪器分析实验对试剂的要求

仪器分析实验中所用试剂的质量会直接影响分析结果的准确性，因此根据实验分析具体情况，如分析方法的灵敏度与选择性，分析对象的含量及对分析结果准确度的要求等，要合理选择相应级别的试剂，在既能保证实验正常进行的同时，又可避免不必要的浪费。另外试剂应合理保存，避免玷污和过期。

(1) 优级纯（guaranteed reagent，GR，绿色标签）属于一级品，又称保证试剂，主成分含量很高、纯度很高，杂质含量低，用于精密分析和研究工作，有的可作为基准物质。

(2) 分析纯（analytical reagent，AR，红色标签）属于二级品，又称分析试剂，主成分含量很高、纯度较高，质量略低于优级纯，用于一般的分析研究及测定工作。

(3) 化学纯（chemically pure，CP，蓝色标签）属于三级品，质量较分析纯差，高于实验试剂，用于工厂、教学实验和一般分析工作。

(4) 实验试剂（laboratory reagent，LR，棕色或其他颜色标签）属于四级品，杂质含量更高，用于普通实验和研究工作，在仪器分析检验及标准方法检测分析中很少采用。

(5) 生化试剂（biochemical reagent，BR，咖色标签），生物染色剂为红色，其他类别的试剂均不得使用上述颜色。

此外，还有某些具有专门用途的试剂，如光谱纯、色谱纯等。此类试剂的质量注重的是在特定方法分析过程中可能影响分析结果、对成分分析或含量分析产生干扰的杂质的含量，但对主成分含量不做很高要求。其中，光谱纯（spectrum pure，SP）试剂是以光谱分析时出现的干扰谱线强度大小来衡量的，杂质含量低于光谱分析法的检出限，所以主要用作光谱分析中的标准物质。色谱纯试剂包括气相色谱（GC）分析专用和液相色谱（LC）分析专用标准物质。这类试剂是在进行色谱分析时使用的标准试剂，在色谱条件下只出现指定化合物的峰，不出现杂质峰。

3. 实验室用气体

仪器分析实验室常用的高压气体，如氮气、氩气、氧气、乙炔、氢气等，无论是否易燃易爆，均要注意使用安全，掌握相关常识和操作规程。

(1) 气体钢瓶的识别　气体钢瓶的识别见表1-2（颜色相同的要看气体名称）。

表1-2　常用气体钢瓶及颜色

气瓶名称	氧气瓶	氢气瓶	氮气瓶	氩气瓶	空气瓶	氨气瓶	二氧化碳瓶
气瓶颜色	淡蓝色	绿色	黑色	银灰色	黑色	淡黄色	铝白色

(2) 高压钢瓶使用注意事项

①钢瓶应专瓶专用，不能随意改装。

②高压钢瓶要直立固定，远离热源，避免暴晒和强烈震动，存放在阴凉、干燥处。

③搬运钢瓶时，钢瓶上的安全帽一定要旋上，以便保护气门勿使其偶然转动。搬运时要轻、要稳，放置要牢靠。

④减压阀和钢瓶配套专用，安装时要将减压阀固定并检漏，开关时注意规范操作，缓

慢转动阀门，防止螺纹受损。

⑤氢气等可燃气体的减压阀是专用的，减压阀与钢瓶的接口设计成反丝扣，防止与其他减压阀串用，降低发生危险的概率。

⑥保持钢瓶的干净整洁，不可将油污或有机溶剂等易燃物玷污钢瓶外壁或阀门处，不可用棉麻物品对阀门进行堵漏，防止燃烧事故。

⑦开启阀门时应站在气压表的一侧，不准将头或身体对准气瓶总阀，以防阀门或气压表冲出伤人。

⑧钢瓶内气体不可全部用完，以防空气或其他气体倒灌，使原有的气体不纯，以免下次再充装气体时发生事故。

4. 仪器分析实验室废液的处理

通常情况下仪器分析实验室废液可以分成两大类：无机类和有机类。由于废液中的成分比较复杂，使得这些废液管理和处理难度比较大。同时，由于实验室规模限制，仪器分析实验室所产生的废液存在着单一废液量少、成分复杂的特点。

（1）实验室内废液的绿色化处理

①废液的分类及收集：废液处理首先要对废液进行收集，由于实验室废液体积、排放时间、排放方式的不同，一般采用置于废液贮存容器的方式将废液先行收集，汇集在一起后再定期集中处理。针对实验室废液的不同类型及分类标准可以将废液收集在不同废液桶中，这样做最大的优点就是能够防止各种溶液混在一起发生化学反应，导致意外事故的发生。

②废液的存放管理：废液桶应有固定存放位置，并保证其阴凉、通风，在废液桶上要清晰标明有效的标识及相应的废液记录表，明确标明每个废液桶的名称、倾入废液的种类、废液体积等信息，并安排专人负责登记，保证能够定期对废液桶进行处理。另外，在贮存过程中要保证废液桶贮存量不能超过容器的70%~80%，如超过了限定的容积就要及时进行处理，以免发生意外。

③废液的绿色处理方法：废液处理时，要结合实验室的实际情况进行自行处理或者转移处理。所谓的自行处理就是根据实验室自身条件，在力所能及的范围内针对一些有毒废液进行无害化处理；而转移处理就是将一些因为实验室本身限制不能够进行处理的废液，转移到其他持有专业资质的公司进行相关处理。

（2）实验室废液自行处理方法

实验室在现有条件下将废液进行处理是目前普遍采用的废液处理方法，也是在所有废液处理中最快捷、最直接、耗费时间最短且最经济的方法，更是一种减少环境污染的绿色方法。实验室自行处理方法主要有以下几种：

①含酸及含碱废液的处理：含酸或含碱实验室废液，一般会根据酸碱中和原理进行处理，在处理过程中应采用少量多次的方法，轻轻搅拌将两种不同酸碱度的废液进行融合，当混合溶液的 pH 调到 7 时就可以进行相应的排放。

②含氰废液的处理：一般会使用强氧化剂将含氰废液脱毒，再加入氢氧化钠调节 pH，

pH 在 10 以上时就可以加入 40g/L 高锰酸钾使其分解。如果含氰浓度太高，需调整处理步骤，先将废液 pH 调到 10 以上，再加入氯化钠，将有毒的氰分解成为无毒的二氧化碳和氮气，放置一段时间后就不会有氰排放了。

③含硫废液的处理：先调 pH 至 8~9，再加入硫酸亚铁及石灰产生硫化亚铁沉淀，再对废液进行充分稀释使其达到排放标准。

④含汞废液的处理：将废液收集于较小的容器中，当废液量达到约 80%时，依次加入氢氧化钠（400g/L）40mL，10g 硫化钠（含 9 个结晶水），摇匀，10min 后缓慢加入 40mL 300g/L 过氧化氢溶液，充分混合，放置 24h，将上清液排入废水中，沉淀物转入另一容器内，交由有资质的专业机构进行汞的回收处理。

第二节　仪器分析实验数据的采集和处理

一、误差

误差，是指测定结果与真实结果之间的差值，是客观存在的。在化学中用的数据、常数大多来自实验，通过计量或测定得到，即使用最可靠的分析方法，最精密的仪器，由熟练的分析人员进行测定，也不可能得到绝对准确的结果，同一个人对同一样品进行多次测定，所得结果也不尽相同。在化学的计算中还常会有许多近似处理，这种近似处理所求得的结果与精确计算所得的结果之间也存在一定的误差。另外，化学计量的最终结果不仅表示了具体数值的大小，而且还表示了计量本身的精确程度，因此，有必要了解实验过程中，特别是物质组成的定量测定过程中误差产生的原因及其出现的规律，学会采取相应措施减小误差，以使测定结果接近客观真实值。

1. 误差的分类

根据误差产生的原因与性质，误差可分为系统误差与偶然误差两类。

（1）系统误差（也称可测误差）　是指在一定的实验条件下，由某个或某些经常性的因素按某些确定的规律起作用而形成的误差。系统误差的大小、正负在同一实验中是固定的，会使测定结果系统偏高或系统偏低，其大小、正负往往可测定出来。

产生系统误差的主要原因：①方法误差；②仪器误差；③试剂误差；④主观误差。

（2）偶然误差（也称随机误差）　是由于在测定过程中一系列有关因素微小的随机波动而形成的具有相互抵偿性的误差。其大小及正负在同一实验中不是恒定的，并很难找到产生的确切原因，故又称为不定误差。产生偶然误差的原因有许多，在操作中难以觉察、难以控制、无法校正，因此不能完全避免。偶然误差符合正态分布规律。

2. 误差的表示方法

（1）误差与准确度　**误差**可用来衡量测定结果准确度的高低。**准确度**是指在一定条件下，多次测定的平均值与真实值的接近程度。误差越小，说明测定的准确度越高，误差可用绝对误差和相对误差来表示：

绝对误差
$$E = \overline{x} - x_T \tag{1-1}$$

相对误差
$$RE = \frac{E}{x_T} \tag{1-2}$$

式中　$\overline{x}$——多次测定的算术平均值；

　　x_T——真实值，相对误差一般常用百分率（%）表示。

（2）偏差与精密度　**偏差**又称为表观误差，是指各次测定值与测定的算术平均值之差。可用来测定结果精密度的高低。**精密度**是指在同一条件下，对同一样品进行多次反复测定时各测定值之间相互接近的程度。偏差越小，说明测定的精密度越高，偏差同样可用绝对偏差和相对偏差来表示。

绝对偏差
$$d_i = x_i - \overline{x} \tag{1-3}$$

相对偏差
$$Rd_i = \frac{d_i}{\overline{x}} \tag{1-4}$$

平均偏差
$$\overline{d} = \frac{|d_1| + |d_2| + \cdots + |d_n|}{n} = \frac{\sum_{i=1}^{n} |x_i - \overline{x}|}{n} \tag{1-5}$$

(3) 准确度与精密度的关系　系统误差是主要的误差来源，其决定了测定结果的准确度；偶然误差则决定了测定结果的精密度。评价一项分析结果的优劣，应该从测定结果的准确度和精密度两个方面入手。如果测定过程中没有消除系统误差，那么测定结果的精密度即使再高，也不能说明测定结果是准确的；只有消除了测定过程中的系统误差之后，精密度高的测定结果才是可靠的。

3. 误差的减少

(1) 分析方法的选择　了解不同方法的灵敏度和准确度，根据分析对象、样品情况及对分析结果的要求，选择适当的分析方法。

(2) 减小测量误差　实验过程中必须减小每一步的测量误差，若使测量误差≤0.1%，分析天平的取样量要大于0.2g，滴定分析中应消耗标准溶液的体积要大于20.00mL。

(3) 增加平行测定次数　偶然误差的出现服从统计规律，绝对值相等的正、负偶然误差出现的概率大体相等；多次平行测定结果的平均值趋向于真实值。因此，增加平行测定次数可以减少偶然误差对分析结果的影响。

4. 减少实验误差的方法

(1) 方法校正　有些方法误差可用其他方法进行校正，如称量分析法中未完全沉淀出来的被测组分可用其他方法检测，两种测量结果相互校正即可得到可靠的分析结果。

(2) 校准仪器　定期到计量部门对分析天平、移液管、滴定管、紫外光谱仪、原子吸收分光光度计、气相色谱仪、高效液相色谱仪等分析仪器进行校准，可减小误差。

(3) 做对照实验　对照实验分标准样品对照实验和标准方法对照实验。

标准样品对照实验是用已知准确含量的标准试样（或纯物质配成的基准试样）与待测样品按同种方法进行平行实验，找出校正系数以消除系统误差。

标准方法对照实验是用可靠的分析方法与被检测的分析方法对同一试样进行对照，若测定结果相同，说明被检验的方法可靠，无系统误差。

(4) 做空白实验　在不加样品情况下，用测定样品相同的方法和步骤进行定量分析，把所得结果作为空白值，从样品的分析结果中扣除，这样就可以消除由于试剂不纯或溶剂等干扰造成的系统误差。

(5) 做回收实验　用所选定的分析方法对已知组分的标准样进行分析，或对人工配制的已知组分的试样进行分析，或在已分析的试样中加入一定量被测组分再进行分析，从分析结果观察已知量组分是否定量回收，这种方法称为回收实验，所得的结果常用百分数表示，称为“百分回收率”，简称“回收率”。回收率包括绝对回收率和相对回收率，绝对回收率考察的是经过样品处理后能用于分析的已知组分的比例，一般要求大于 50%才行。相对回收率主要包括空白回收率和加标回收率。

空白回收率是指在空白基质中定量加入已知组分，再用已选定的分析方法对该组分进行测定，从而计算检测出的已知量组分与原来配制的已知量组分的比值。该方法主要考察分析方法及分析的准确度。

加标回收率是指在已知准确含量的样品中定量加入已知组分，然后按照实验过程进行操作，再用已选定的分析方法对该组分进行测定，从而计算检测出的已知量组分与原来配制的已知量组分的比值。该方法是对提取方法、分析方法及分析仪器的准确度进行考察。加标回收率的考察分为低、中、高三个水平，即：80%加标回收率、100%加标回收率和120%加标回收率。具体操作：

①确定样品中已知组分的含量，测定次数通常为 3 次。

②分别向样品中加入已知组分含量的 80%、100%、120%的已知组分，每个组分平行 3 次，按照样品的处理方法进行操作，采用测定样品方法进行检测，测定次数通常为 3 次。

③以 A 为加标后样品中已知组分的含量，B 为未加标样品已知组分的含量，C 为加入已知组分的含量，通过公式计算回收率，加标回收率一般要求在 70%~110%。

$$回收率 = \frac{A - B}{C} \times 100\% \tag{1-6}$$

二、有效数字

有效数字是指实际能够测量到的数字。也就是说，在一个数据中，除了最后一位是不确定的或是可疑的外，其他各位数字都是确定的。

有效数字的位数应与测量仪器的精度相对应。

必须运用有效数字的修约规则进行修约，做到合理取舍，既不要无原则地保留过多位数使计算复杂化，也不要随意舍弃任何尾数而使结果的准确度受到影响。目前所遵循的数字修约规则多采用“四舍六入五成双”规则。

有效数字的运算规则：当测定结果是几个测量数据相加或相减时，所保留的有效数字的位数取决于小数点后位数最少的那个，即绝对误差最大的那个数据。当测定结果是几个测量数据相乘或相除时，所保留的有效数字的位数取决于有效数字位数最少的那个，即相对误差最大的那个数据。

三、实验数据的表示与检验

分析化学中广泛地采用统计学的方法来处理各种分析数据，以便更科学地反映研究对象的客观实在。在统计学中，人们把所要分析研究的对象的全体称为总体或母体。从总体中随机抽取一部分样品进行平行测定所得到的一组测定值称为样本或子样。每个测定值称为个体。样本中所含个体的数目则称为样本容量或样本大小。

一般在表示测定结果之前，首先要对所测得的一组数据进行整理，排除有明显过失的测定值，再对有怀疑但又没有确凿证据的与大多数测定值差距较大的测定值，采取数理统计的方法决定取舍，最后进行统计处理，计算数据的平均值、各数据对平均值的偏差、平均偏差和标准偏差，最后按照要求的置信度求出平均值的置信区间，计算出结果可能达到的准确范围。

1. 测定结果的表示

通常报告分析测定结果应包括测定的次数、数据的集中趋势以及数据的分散程度等几个部分。

（1）数据集中趋势的表示　对于无限次测定，可用总体平均值μ来衡量数据的集中趋势。对于有限次测定，一般有两种表示方法。

①算术平均值：

$$\bar{x} = \frac{1}{n}\sum_{i=1}^{n} x_i \tag{1-7}$$

②中位数：将数据按大小顺序排列，位于正中的数据称为中位数。当n为奇数时，居中者即是；当n为偶数时，正中两个数的平均值为中位数。

一般情况下，数据的集中趋势以第一种方法表示较好。只有在测定次数较少，又有大误差出现或是数据的取舍难以确定时，才以中位数表示。

（2）数据分散程度的表示

①样本标准偏差：

$$S = \sqrt{\frac{\sum_{i=1}^{n}(x_i - \bar{x})^2}{n-1}} \tag{1-8}$$

②变异系数：单次测量结果的相对标准偏差称为变异系数。

相对标准偏差

$$CV = \frac{S}{\bar{x}} \tag{1-9}$$

③极差与相对极差：

极差

$$R = x_{\max} - x_{\min} \tag{1-10}$$

相对极差为$\frac{R}{\bar{x}}$。

平均偏差为$\bar{d}$，相对平均偏差为$\frac{\bar{d}}{\bar{x}}$。

报告分析结果时，要体现出数据的集中趋势和分散情况，一般只需报告下列三项数值，就可进一步对总体平均值可能存在的区间做出估计：测定次数n；平均值$\bar{x}$，表示集中趋势（衡量准确度）；标准偏差S，表示分散性（衡量精密度）。

2. 显著性检验

从随机误差的分布规律可知，误差通常较小，小误差出现的概率大。当测量值与真实值之间存在较大的即显著的差异时，就可认为可能存在明显的系统误差。有没有系统误差就需要进行显著性检验。常用的显著性检验法是t检验法和F检验法。

3. 异常值的取舍

一组平行测定的数据中，个别数据与其他数据相差较大，离群较远，是舍弃还是保留，必须严谨慎重。如果是过失造成的，舍弃。不知原因不能任意取舍。异常值的取舍对最后结果的平均值影响很大，故必须按科学的统计方法来解决取舍。

四、实验数据的处理与记录

1. 常用数据的处理方法

实验数据处理，是以测量为手段，以研究对象的概念、状态为基础，以数学运算为工具，推断出某量值的真值，并导出某些具有规律性结论的整个过程。因此，对实验数据进行处理，可使人们清楚地观察到各变量之间的定量关系，以便进一步分析实验现象，得出规律，指导生产与设计。数据处理的常用方法有三种：列表法、图示法和回归分析法。

（1）列表法　将实验数据按自变量和因变量的关系，以一定的顺序列出数据表，即为列表法。列表法有许多优点，如为了不遗漏数据，原始数据记录表会给数据处理带来方便；列出数据使数据易比较；形式紧凑；同一表格内可表示几个变量间的关系等。列表通常是整理数据的第一步，为绘制曲线图或整理成数学公式打下基础。

（2）图示法　实验数据图示法就是将整理得到的实验数据或结果绘制成描述因变量和自变量的依从关系的曲线图。该法的优点是直观清晰，便于比较，容易看出数据中的极值点、转折点、周期性、变化率以及其他特性，准确的图形还可在不知数学表达式的情况下进行微积分运算，因此得到广泛的应用。实验曲线的绘制是实验数据整理的第二步，为得到与实验点位置偏差最小而光滑的曲线图形，正确作图必须遵循如下基本原则：

①坐标系的恰当选择：常用的坐标系为直角坐标系、单对数坐标系和对数坐标系。

②坐标纸的恰当选择：常用的坐标纸为直角坐标纸、单对数坐标纸和对数坐标纸。

③坐标分度的恰当选择：即选择适当的坐标比例尺。

（3）回归分析法　目前，在寻求实验数据各变量关系间的数学模型时，应用最广泛的一种数学方法即回归分析法。用这种数学方法可从大量观测的散点数据中寻找到能反映事物内部的一些统计规律，并可用数学模型形式表达出来。回归分析法与计算机相结合，已成为确定经验公式最有效的手段之一。

回归也称拟合。对具有相关关系的两个变量，若用一条直线描述，则称一元线性回归；用一条曲线描述，则称一元非线性归。对具有相关关系的三个变量，其中一个变量，两个自变量，若用平面描述，则称二元线性回归；用曲面描述，则称二元非线性回归。以此类推，可延伸到 n 维空间进行回归，则称多元线性回归或多元非线性回归。处理实验问题时，往往将非线性问题转化为线性来处理。

2. 实验数据的记录

（1）实验数据的记录应有专门的、有页码的实验记录本。记录实验数据时，本着实事求是和严谨的科学态度，对各种测量数据及有关现象，认真并及时准确地记录下来，切忌夹杂主观因素随意拼凑或伪造数据。绝不能将数据记录在单片纸或记在书上、手掌上等。

（2）实验开始之前，应首先记录实验名称、实验日期、实验室气候条件（包括温度、湿度和天气状况等）、仪器型号，测试条件及同组人员姓名等。

（3）实验过程中测量数据时，应根据所用仪器的精密度正确记录有效数字的位数。用万分之一分析天平称量时，要求记录至0.0001g。移液管及量管的读数应记录至0.01mL。用分光光度计测量溶液的吸光度时，如吸光度在0.6以下，读数记录至0.001；大于0.6时，读数记录至0.01。

（4）实验过程中的每一个数据都是测量结果，重复测量时，即使数据完全相同，也应认真记录下来。

（5）记录过程中，对文字记录，应整齐清洁；对数据记录，应采用一定表格形式，当发现数据算错、测错或读错需要改动时，可将该数据用双斜线划去，在其上方书写正确的数字，并由更改人在数据旁签字。

（6）实验完毕，将完整实验数据记录交给实验指导教师检查并签名。

3. 实验结果的表达

实验数据的处理是将测量的数据经科学的数学运算，推断出某量值的真值或导出某些具有规律性结论的整个过程。通常包括实验数据的表达、数据的统计学处理。

（1）实验数据的表达　实验数据表达可用列表法、图解法和数学方程式表示法显示实验数据间的相互关系、变化趋势等相关信息，清楚地反映出各变量之间的定量关系，以便进一步分析实验现象，得出规律性结论。

①列表法：列表法是将有关数据及计算按一定形式列成表格，具有简单明了、便于比较等优点。实验的原始数据一般用列表法记录。

②图解法：图解法是将实验数据各变量之间的变化规律绘制成图，能够把变量间的变化趋势，如极大、极小、转折点、周期性以及变化速率等重要持性直观地显示出来，便于进行分析研究。该法现在主要通过计算机相关处理软件进行绘图。

③数学方程式表示法：仪器分析实验数据的自变量与因变量之间多呈直线关系，或是经过适当变换后，使之呈现直线关系，通过计算机相关处理软件处理后便得到相应的数学方程式（也称回归方程）。许多分析方法利用这一特性由数学方程式计算出待测组分的含量。

（2）数据的统计学处理　在仪器分析实验中主要涉及的统计学处理有可疑值的取舍、平均值、标准偏差和相对标准偏差等。对于分析结果，当含量大于1%且小于10%时，用3位有效数字表示；当含量大于10%时，则用4位有效数字表示。

根据测量仪器的精密度和计算过程的误差规律，正确地表达分析结果，必要时还要表达其置信区间。对于方法的正确性，要从精密度和准确度两个方面进行评价。精密度可用重复性实验进行评价，即在一个相当短的时间内，用选用的方法对同一份样品进行多次（一般最多20次）重复测定，要求其变异系数（相对标准偏差）小于5%。准确度可用回收实验进行评价，即将被测物的标准溶液加入待测试样中作为回收样品，原待测试样中加入等量的无被测物的溶剂作为基础样品，然后同时用选用方法对两试样进行测定，通过以下公式计算出回收率：

$$\text{回收率}=\frac{\text{回收浓度}}{\text{加入浓度}}\times 100\% \tag{1-11}$$

要求回收率为95%~105%。

五、仪器分析的检出限

检出限是分析测试的重要指标，对于仪器性能的评价和方法的建立都是重要的基本参数之一。在日常检测过程中，检出限为具体量度指标，特别是在痕量分析中，痕量分析误差与样品含量相对于检出限的倍数相关联。检出限的确定对于分析方法的选择具有重要意义。对检出限的忽视有可能导致检测结果的不确定度增大。

1. 检出限的概念

1947 年，德国人 Hkaiser 首次提出了有关分析方法检出限的概念，并提出检出限和分析方法的精密度、准确度一样，也是评价一个分析方法测试性能的重要指标。

国际纯粹与应用化学联合会（IUPAC）于 1975 年正式推行使用检出限的概念及相应估算方法，于 1998 年又发表了《分析术语纲要》，对检出限的定义为：某特定方法在给定的置信度内可从样品中检出待测物质的最小浓度或量，公式表示为：

$$c_L = kS_b/M \qquad (1-12)$$

式中 c_L——检出限；

M——标准曲线在低浓度范围内的斜率；

S_b——空白标准偏差；

k——置信因子，一般取 2 或 3。

欧盟《执行关于分析方法运行和结果解释的欧盟委员会指令》（2002/657/EC）的最新检测限的概念 CC_α 和 CC_β。**检测限（CC_α）**是指大于等于此浓度限，将以 α 误差概率得出阳性结论。**检测能力（CC_β）**是指样品中物质以 β 误差概率能被检测、鉴别和/或定量的最小含量。对于未建立容许限的物质，检测能力是以 $1-\beta$ 可信度能被检测出来的最低浓度。如果容许限已经建立，检测能力就是以 $1-\beta$ 可信度能被检测到的容许限浓度。

2. 检出限的分类

（1）美国国家标准局的分类

①仪器检出限：即相对于背景，仪器检测的可靠最小信号。通常用信噪比（S/N）表示，当 $S/N \geqslant 3$ 时，定义为仪器检出限。

②方法检出限：即某方法可检测的最小浓度。通常用外推法可以求得。即在低浓度范围内选三个浓度（c_1、c_2、c_3），对每一浓度水平分别重复测定，求出各浓度水平的标准偏差 S_1、S_2、S_3，用线性回归法做出拟合曲线，延长该线与纵坐标相交于 S_0（浓度为零时空白样品的标准偏差）。$3S_0$则定义为方法检出限。

③样品检出限：指相对于空白可检测的样品的最小含量。它定义为三倍空白标准偏差，即 3σ 空白（或 $3S$ 空白）。

（2）我国检出限的分类　国内有研究人员刘菁和冉敬等也把检出限分类为仪器检出限、方法检出限和样品检出限。田强兵将检出限分为仪器检出限、方法检出限和仪器的测定下限和方法的测定下限。

（3）检出限的介绍及影响因素

①仪器的检出限：仪器的检出限是指在规定的仪器条件下，当仪器处于稳定状态时，仪器本身存在着的噪声引起测量读数的漂移和波动。仪器检出限的水平可对同类仪器之间的信噪比、检测灵敏度、信号与噪声相区别的界限及分析方法进行测量所能达到的最低限度等方面提供依据。

仪器的检出限的物理含义：在一定的置信范围内能与仪器噪声相区别的最小检测信号对应的待测物质的量。通过配制一定浓度的稀溶液 12 份进行测量，可用下式计算：

$$D_L = kS_0 \frac{C}{\bar{x}} \tag{1-13}$$

式中 D_L——仪器的检出限；

C——样品含量；

k——置信因子，一般取 3；

S_0——样品测量读数的标准偏差；

$\bar{x}$——样品测量读数的平均值。

②方法的检出限：方法的检出限是指一个给定的分析方法在特定条件下能以合理的置信水平检出被测物的最小浓度，它是表征分析方法的最主要的参数之一。分析方法随机误差的大小不但与仪器噪声有关，而且决定了方法全过程所带来的误差总和，与样品性质、预处理过程都有关系。为能反映分析方法在整个分析处理过程的误差，可采用已知结果的标准物质或样品按照分析步骤进行测量，通过分析 12 份已知结果的实际样品来计算方法的检出限，计算公式如下：

$$C_L = k_i S_i \frac{C}{\bar{x}} \tag{1-14}$$

式中 C_L——方法的检出限；

C——样品含量；

k_i——置信因子，一般取 3；

S_i——样品测量读数的标准偏差；

$\bar{x}$——样品测量读数的平均值。

③样品的检出限：即单个样品的检出限，指相对于空白可检测的样品的最小含量。故只有当空白含量为零时，样品检出限才等于方法检出限。一方面空白含量往往不为零，由于空白含量及其波动的存在，尽管方法检出限通过外推法可能求得很低的浓度（或含量），实际上样品检出限可能要比方法检出限大得多；另一方面分析方法检出限采用的是一系列标准物质，基体各不相同，因此只能是一类型样品的平均检出限，并非严格适用于单个样品。对于单个样品确定检出限，必须固定样品基体，即样品检出限的确定应使用样品本身，采取标准加入法做出和方法检出限类似的曲线，使用外推法进行计算。

正因为如此，在实际使用中，样品检出限要比方法检出限要有意义得多。当被测样品种类变化或测定所用试剂和环境变化时，即使使用同一分析方法，样品检出限可能相差很大。在痕量分析时，测量结果的可靠性在很大程度上取决于空白值的大小及空白值的波动情况。设 W_t 代表被测样品的总值，W_b 代表空白值，则被测组分的含量（W_t-W_b）与检测可靠性的关系如表 1-3 所示（表中"σ 空白"为测定分析空白时的标准偏差）。

表 1-3　被测组分含量分析的可靠性范围

被测组分含量（W_t-W_b）	可靠性范围
<3σ 空白	可疑检测范围（不能接受），分析物不能被检出
3σ 空白	样品检出下限（定性检出）
3σ 空白 ~ 10σ 空白	定量的可靠性较小（半定量），分析物能检出
10σ 空白	定量检测下限
>10σ 空白	定量检测范围

④空白对检出限的影响：在分析化学中，空白值可分为试剂空白、接近空白与真实空白。真实空白是完全不含待测物质，其他组分与待测样品完全相同的一种分析样品，且按照待测样品的全部分析程序，测定空白试样。

但在实际分析中，许多分析工作者使用试剂空白或接近空白。**试剂空白**：按照真实空白的加入顺序和操作方法混合本实验所需的全部试剂。**接近空白**：在试剂空白中加入检出限 2 倍或 3 倍的待测物质。由此可见，真实空白的基体较复杂，所以它的值高于试剂空白和接近空白。在分析中应尽量使用真实空白，它更体现了体系的特征。

⑤仪器的测定下限和方法的测定下限：检出限只能粗略地表征体系性能，仅是一种定性的判断依据，通常不能用于真实分析。测定下限则是痕量或微量分析定量测定的特征指标。仪器的测定下限表示仪器进行定量分析时所能达到的最低界限，是指在高置信度下测定物质的最低浓度或量，其计算公式为：

$$仪器的测定下限：D_L = 6S_0 \frac{C}{\bar{x}} \tag{1-15}$$

在高置信度下，用特定分析方法能够准确定量测定的待测物质最小浓度或量，称为该分析方法的测定下限。其计算公式为：

$$方法的测定下限：C_L = 10S_i \frac{C}{\bar{x}} \tag{1-16}$$

总之，当以检出限作为分析方法和分析仪器比较标准时，应约定统一的检出限计算方法。测定下限反映出分析方法能准确地定量测定低浓度水平待测物质的极限值。

第三节　样品制备

仪器分析实验中的样品制备是指为获得科学、真实、有代表性的检测结果，根据样品的性质、工作目的和分析方法，制订选取样品的方法及加工方案，对各类样品进行不同的处理，制备的目的是使样品便于运输或贮存；使样品均匀化；增强代表性以利于分析检测。

一、样品的采集

样品采集简称采样，是指从被检样品中抽取一定量的、具有代表性的样品，供分析检验用，它是进行理化检验的基础。

1. 采样原则

样品分析检测根据样品的数量通常分为全数检验和采样检验。全数检验是一种理想的检验方法，但由于样品数量较多，检测工作量大、费用高、耗时长，且检测方法多数对样品具有破坏性。因此全数检验在实际工作中的应用极少。采样检验通常是从整批样品中抽取部分进行检验，用于分析和判断该批样品的特征。样品来自整体，代表总体进行检测，因此可能存在错判的风险。在实际工作中，要对采样方法、采样部位和数量、样品运输和保存等做出明确规定。一般采样必须遵循如下原则：

（1）样品采集的代表性　采样一般是从整批样品中抽取其中一部分进行分析检测，将检验结果作为整批样品的检验结论。因此，要求采集的样品能够真正反映被采集样品的整体水平。在采样过程中，应避免和消除各种因素的影响，确保采集的样品对整体样品的代表性。

（2）样品采集的随机性　即“随机性原则”，是指采样时整体中每个个体被抽选的概率是完全均等的，因而样品有相当大的可能保持和整体相同的性质，减少采样误差。对采集的样品不论是进行现场常规检测还是送实验室做品质检测，一般都要求按随机性原则采集样品。

（3）样品采集的针对性　采集的样品要具有针对性，必须明确其检验目的，保证采集的样品能够反映特定区域、品种的性质。根据不同的检验目的，确定样品的种类、来源、部位、数量及采样的方法等问题，针对性地采集能够确保获得检测目的的典型样品。

（4）样品采集的可行性　采样的方法和数量，使用的采样工具、装置和仪器，都应符合实际，合理可行，符合样品检测的要求，应在准确的基础上达到经济、快速，节省人力物力的要求。

（5）样品采集的公正性　采样时，采样人员不少于2人，并经过专门培训，熟知采样程序和方法。采样人员应遵守法律，秉公办事，确保采样程序的规范性和一致性，样品的代表性和科学性。

2. 采样方法

样品采集方法分随机采样和代表性采样。**随机采样**是按照随机原则从大批样品中抽取部分样品，采样时应确保所有样品都有均等的机会被抽取。常用的随机采样方法包括简单随机采样、系统随机采样和分层随机采样等。**代表性采样**是已经掌握了样品随空间（位置）和时间变化的规律，按照这个规律采集样品，使样品能代表其相应部分的质量和性质。采样时，一般采用随机采样和代表性采样相结合的方式，具体的采样方法则根据分析对象的性质而定。

（1）采集方法

①散粒状样品：散粒状样品（如粮食籽粒、粉末状食品等）的采样器包括自动样品收集器和带垂直喷嘴或斜槽的样品收集器等。自动样品收集器通过水平或垂直的空气流来对连续性生产的粉末状、颗粒状样品进行分离，通过气流产生的正、负压对样品进行选择，然后分别包装送检。带垂直喷嘴或斜槽的样品收集器可用于对粉末状、颗粒状或浆状样品去除杂质，然后按四分法取样，包装送检。

②液体样品：液体样品在采样前必须进行充分混合，混合时可采用混合器。采样时使用长形管或特制采样器，一般采用虹吸法分层取样，每层各取 500mL 左右，装入小口瓶中混合。

③较稠的半固体样品：对于较稠的半固体样品（如蜂蜜、稀奶油等），使用采样器分别从上、中、下三个部分取出样品，混合均匀后缩减至所需数量的平均样品。

④小包装的样品：对于小包装的样品（如乳粉、罐头等），一般是按照生产班次取样，取样数为 1/3000，尾数超过 1000 的取 1 罐，但每天每个品种取样数不少于 3 罐。

⑤鱼、肉、果蔬等组成不均匀的样品：根据检验的目的，组成不均匀的样品可对各个部分（如肉，包括脂肪、肌肉部分；蔬菜包括根、茎、叶等）分别采样，经过捣碎混合后成为平均样品。制备样品时，必须将带核的果实、带骨的禽畜、带鳞的鱼等样品先去除核、骨、鳞等不可食用部分，然后再进行样品的制备。有些样品仍要根据检验目的而正确地采样，如进行水对鱼的污染程度检验时，只取内脏即可，采样时应加以注意。

⑥土壤样品：多采用五点法，即在区域的中间和四个角的方向定五点取样。采样时应当注意，避免在地头或边沿采样（留 0.5m 边缘），在所选的采样点上要有选择地采样，应选择正常的样品采集，避免采集出现问题的样品而使测定结果缺乏普遍性。同时，应先采集对照区的样品，再按剂量从小到大的顺序采集其他区域的样品，每个区域采集一个代表性样品。

（2）采样部位及采样量　样品种类的差异决定采样部位和采样量也不相同。

①土壤样品：多采用 0~20cm 耕作层，每个小区设 5~10 个采样点，采样量不少于 1kg。

②水样：多点取约 5000mL，混匀后取 1000~2000mL。

③谷物、蔬菜、水果等：根据食用部位分别采集，一般不少于 4~10 个，不少于 2kg。

二、样品处理

按照上述采样方法采集得到的样品往往数量过多，颗粒太大，因此必须对样品进行粉碎、混匀和缩分等处理，保证样品的均匀性，在分析检测时抽取任何部分的样品都能代表全部被测物质的成分。样品处理必须在不破坏待测成分的前提下进行。

1. 样品处理的原则

（1）在样品采集、包装和预处理过程中避免残留药物的损失。

（2）易分解或降解的药物应避免暴露。

（3）避免在样品采集和贮运过程中损坏或变质，影响含量。

（4）避免交叉污染。

2. 样品处理的方法

根据被检测目标的性质和检测要求，常用的样品处理方法包括摇动、搅拌、切细或搅碎、研磨或捣碎等。通常液体样品、浆体和悬浮液体样品需用离心机或过滤的方法除去样品中的漂浮物和沉淀物，然后摇动或搅拌均匀；固体样品需切细或搅碎；动植物样品取可食用部分切成小块，用高速捣碎机捣碎后，取适量进行分析。目前，通常使用高速组织捣碎机进行样品的制备。

3. 样品缩分

根据样品种类和性质的不同，采用合适的方法进行缩分，将采集的样品处理成实验室样品。对于干燥的颗粒状及粉末状样品，最常用的缩分法是圆锥四分法。所谓四分法选取样品，是将样品按测定的要求磨细，过筛，混合均匀后堆积成圆锥体，并拍成圆饼形，然后沿直径方向分成四等份，取对角的两份样品再混合，按照上述方法重复进行，直到获得合适数量的样品作为“检验样品”为止。

三、样品的封样、运输及贮存

采集并处理完成的样品需用不含分析干扰物质和不易破损的惰性包装袋（盒）装好，每一个样品都应贴好标签。标签上应注明唯一的、清晰的标记编码，而且标签标记编码应当牢固，不易掉，并且要明显，与取样单填写的信息有适当联系（相关的样品资料，包括样品名称、采样时间、地点、注意事项等信息）并迅速送到实验室。

样品放入包装袋（盒）后进行封样，确保样品不能拆封或拆封后无法复原，确保样品的原封样特性。样品一经封样，在送达实验室检测前，任何人不得擅自开封或更换，否则该样品作废，并追究相关人员的责任。

除可常温保存的样品外，样品最好能在冷冻状态下运送和保存。实验室交接样品时必须检查样品的封识，并仔细核对样品数量、状态、样品编号及采样单等信息，信息无误后，与送检人填写样品交接单，并签名。同时实验室应该有样品交接、处理、登记、贮存的程序，以保证样品符合分析、复验、复查的要求。

样品在实验室应贮存在 1~5℃ 的温度下，并应尽快检测（3~5d），以保证样品的性质、成分不发生变化。若不能立即分析，可将制备好的样品装在洁净、密封的容器内，易腐败变质的样品应置于-20℃下贮存，放入冰箱冷藏或冷冻保存，不能使样品受潮、挥发、风干、污染及变质等，以保证检测结果的准确性。检测时先解冻然后马上检测，检测冷冻样品时应不使水或冰晶与样品分离。在特殊情况下，在不影响检验结果的前提下，允许加入适量的防腐剂。

四、样品的制备

样品制备是指将样品处理成适合测定的待测溶液的过程，包括从样品中提取待测组分，浓缩提取液和去除提取液中干扰性杂质的分离、净化、衍生化等步骤。样品制备对样品的分析起着至关重要的作用，通常样品中待测物质的浓度往往很低，或者样品本身对分析产生干扰，分析检测前须对样品进行预处理，进行样品的分离或浓缩，或去除样品中的干扰成分，提高分析方法的灵敏度，降低检测限，以确保得到理想的检验结果。

1. 样品制备的原理

利用待测组分与样品基质的物理化学特性差异，使其从对检测系统有干扰作用的样品基质中提取分离出来。化合物的极性和挥发性是指导样品制备最有用的理化特性。极性主要与化合物的溶解性及两相分配有关，如在进行液-液提取、固-液提取、液-固提取等操作时就是利用样品的极性这一理化特性。而挥发性则主要与化合物的气相分布有关，如在进行吹扫捕集提取、顶空提取等操作时就是利用化合物的挥发特性。

2. 样品制备的常规技术

（1）提取技术　提取（extraction）是指通过溶解、吸着或挥发等方式将样品中的待测组分分离出来的操作步骤，也常称为萃取。由于待测组分含量甚微（痕量），提取效率的高低直接影响分析结果的准确性。提取方案的选定主要是根据待测组分的理化特性来定，但也需要考虑试样类型、样品的组分（如脂肪、水分含量）、待测组分在样品中存在的形式以及最终的测定方法等因素。用经典的有机溶剂提取时，要求提取溶剂的极性与分析物的极性相近，也即采用“相似相溶”原理，使分析物能进入溶液而样品中其他物质处于不溶状态。如用挥发性分析物的无溶剂提取法，则要求提取时能有效促使分析物挥发出来，而样品基体不被分解或挥发。

提取时要避免使用作用强烈的溶剂、强酸强碱、高温及其他剧烈操作，以减少后续操作的难度和造成的损失。样品的提取方法多种多样，但基本上都是基于化合物的理化特性而建立的。目前，样品常用的提取方法有溶剂提取法、固相萃取法及强制挥发提取法三类。

①溶剂提取法（solvent extraction）：是最常用、最经典的有机物提取方法，具有操作简单，不需要特殊或昂贵的仪器设备，适应范围广等优点。溶剂提取法是根据待测组分与样品组分在不同溶剂中的溶解性差异，选用对待测组分溶解度大的溶剂，通过振荡、捣碎、回流等方式将分析物从样品基质中提取出来的一种方法。溶剂提取法的关键是选择合适的提取溶剂。在提取过程中，溶剂的选择是关键：一是溶剂的极性，遵循“相似相溶”

原理；二是溶剂的纯度，如有必要须蒸馏净化；三是溶剂的沸点，45~85℃为宜，沸点太低，容易挥发，而沸点太高，不利于提取液的浓缩。

②固相萃取法（solid-phase extraction，SPE）：是一种用途广泛而且越来越受欢迎的样品前处理技术，其建立在传统的液-液萃取（LLE）基础之上，结合物质相互作用的相似相溶机制和目前广泛应用的色谱中的固定相基本原理逐渐发展起来的。其利用固相萃取小柱对样品提取液中待测成分的截留作用，与其他不易被截留的成分进行分离；然后用少量洗脱液将被测成分冲洗下来，而不易被洗脱的成分被分离。这与现行的液-液萃取、减压浓缩等技术相比，不仅省时简便，而且消耗有机溶剂少，接触物少，分离、净化和富集的效果好。

SPE 根据其“相似相溶”机制可分为：反相固相萃取、正相固相萃取、离子交换固相萃取、吸附固相萃取。SPE 装置由 SPE 小柱和辅件构成。SPE 小柱由柱管、烧结垫和填料等部分组成。SPE 辅件一般有真空系统、真空吹干装置、惰性气源、大容量采样器和缓冲瓶。SPE 大多数用来处理液体样品，萃取、浓缩和净化其中的半挥发性和不挥发性化合物，也可用于固体样品处理，但必须先处理成液体。目前，此法多用于水中多环芳烃（PAH）和多氯联苯（PCB）等有机物质分析，水果、蔬菜及食品中农药和除草剂残留分析，抗生素分析，临床药物分析。

A. 固相萃取的基本原理：固相萃取法是利用选择性吸附与选择性洗脱的液相色谱法分离原理。把吸附剂作为固定相，样品中的溶剂（水）或洗脱时的溶剂为流动相，利用吸附剂对待测物质和干扰性杂质吸着能力的差异所产生的选择性保留，对样品进行提取和净化。这种保留可通过改变吸附剂的类型，调整样品和洗脱溶剂的类型、pH、离子强度和体积等来满足不同分析的需要。

固相萃取现在多使用商品化的固相萃取小柱或固相萃取盘。它是由高强度和高纯度的聚乙烯或聚丙烯塑料制成，装有 100~2000mg 吸附剂，形状各异，可自行套接使用和与注射器连接进行加压或减压操作。现在，市面上已有专用的 SPE 装置用于加压或减压以及批量自动化处理。

B. 固相萃取的步骤和方法：典型的固相萃取操作包括如下四个步骤：第一步是柱的活化和平衡，用适当的溶剂冲洗以活化吸附剂表面，然后再用水冲洗让柱处于湿润和适于接受样品溶液的状态；第二步是上样，将用水稀释的样品溶液加在柱上，减压使样品通过柱；第三步是清洗，即净化步骤，以比水极性稍弱、能洗脱杂质而让分析物保留的溶剂过柱，去除干扰物；第四步是洗脱，用少量极性再弱些的溶剂将分析物洗脱回收，用于测定。

固相萃取洗脱溶剂的选择主要根据分析物的亲脂性和柱的保留机制而定。一系列不同极性的溶剂可用于固相萃取洗脱。非极性分析物可用甲醇、乙醇、乙酸乙酯、三氯甲烷和正己烷洗脱；而极性分析物可用甲醇、异丙醇及丙酮洗脱。

C. 固相微萃取法（solid phase microextraction，SPME）：是在 SPE 基础上发展起来的高效的样品预处理技术，利用固相萃取的方法实现样品的分离和净化，但所用的固相材料和分离机制不同。SPME 是通过待测组分在样品和固相涂层之间的平衡达到分离，固相是覆盖着高聚物固定相（聚丙烯酸酯）的熔融石英纤维，浸入样品中，待测组分扩散吸附到石英纤维表面的涂层，当吸附平衡后，利用气相色谱（GC）或高效液相色谱（HPLC）进行分析测定。

固相微萃取法的操作流程包括：

a. 吸附：萃取过程中应使用磁力搅拌、超声振荡等方式，缩短平衡时间。

b. 解吸：高温解吸（GC）或溶剂洗脱（HPLC）。

c. 纤维的老化和清洗：使用前需老化 0.5~4h。

D. 基质固相分散萃取法（matrix solid-phase dispersion，MSPD）：是将样品与吸附填料（与 SPE 的吸附材料相同）一起混合，研磨，得到半干状态的混合物作为装柱的填料，用不同的溶剂淋洗柱，将各种待测物洗脱下来。吸附剂分为正相吸附剂和反相吸附剂，正相吸附剂主要用于分离极性较大的物质；反相吸附剂，如 C_8、C_{18}，用来分离亲脂性物质。该方法的优点是分析时间短，溶剂用量少，能避免样品乳化等带来的损失，但是取样量小易造成检测限高，净化方面不如其他技术好。

③强制挥发提取法（forced volatile extraction）：适用于易挥发物质，利用物质挥发性进行提取的方法。这样可以不使用溶剂，在挥发提取的同时去除挥发性低的杂质。吹扫捕集法和顶空提取法属于此类提取法。

A. 吹扫捕集法（purge-and-trap）：主要用于样品中挥发性有机物分析。具体操作步骤包括：

a. 吹沸：在常温下，以氮气（或氦气等惰性气体）的气泡通过水样将挥发物带出来。

b. 捕集：吹沸出来的挥发物被气流带至捕集管，被管中的吸附剂吸附、富集。

c. 解吸：过瞬间加热使捕集管中的挥发物解吸，并用载气带出，直接送入 GC。

d. GC 分析。

B. 顶空提取法（headspace extraction）：是与吹扫捕集法相类似的技术，但它适用于水样以及其他液态样品和固态样品，它也可以直接与气相色谱仪连接进行分析。顶空制样法的操作步骤主要有：

a. 加热密封样品瓶，使顶空层分析物平衡。

b. 通过注射器将载气压向样品瓶。

c. 断开载气，使瓶中顶空层气样流入气相色谱仪供分析。

④其他常见的提取方法：

A. 加速溶剂萃取法（ASE）：是一种全自动提取技术，根据待测物对有机溶剂有较高的亲和力的特性，通过提高温度（50~200℃）和压力（1.5~2.0MPa）加速萃取，提高提取效率，该方法适用于固体、半固体样品。该方法溶剂用量少、快速、提取效率高，但选择性不高，需要净化后再进入仪器分析检测。

B. 免疫亲和色谱（IAC）：是一种以抗原抗体中的一方作为配基，亲和吸附另一方的分离系统。其原理是将抗体与惰性微珠（如纤维素、琼脂糖等）共价结合，装柱，将抗原溶液过免疫亲和柱，非目标化合物不保留，最后用洗脱液洗脱抗原，得到纯化的抗原。该方法过程简单，特异性强，效率高，但特异性抗体难得且载体价格昂贵。

（2）样品浓缩技术

由于在样品分析中通常分析物在样品中的量非常少，而且常规溶剂提取法所用溶剂的量相对来说非常大，从样品中提取出来的待测物质溶液，一般情况下浓度都是非常低的，在做净化和检测时，必须首先进行浓缩，使检测溶液中待测物达到分析仪器灵敏度以上的浓度。常用的浓缩方法有减压旋转蒸发法、K-D浓缩法和氮气吹扫法。

①减压旋转蒸发法：利用旋转蒸发器，可在较低温度下使大体积（50~500mL）提取液得到快速浓缩，操作方便，但分析物容易损失，且样品还须转移、定容。旋转蒸发器的原理是利用旋转浓缩瓶对浓缩液起搅拌作用，并在瓶壁上形成液膜，扩大蒸发面积，同时又通过减压使溶剂的沸点降低，从而达到高效率浓缩的目的。

②K-D浓缩法（Kuderna-Danish evaporative concentration）：利用K-D浓缩器直接将样品浓缩到刻度管中的方法，适合于中等体积（10~50mL）提取液的浓缩，其特点是可有效减少浓缩过程中的样品损失，且能直接定容测定，无须转移样品，但适合少量体积的样品，操作烦琐。

③氮气吹扫法（gas blowing evaporation）：直接利用氮气气流轻缓吹沸提取液及提高水浴温度，以加速溶剂的蒸发速度来浓缩样品，能有效防止氧化反应，但只适合于小体积浓缩，且对于蒸气压较高的样品，比较容易造成损失。现在，许多实验室都是联合固相萃取柱一起使用，达到浓缩、净化的目的。

第二章

紫外-可见分光光度法

实验一 紫外-可见分光光度法测定水中苯酚含量

目的与要求

1. 熟悉紫外-可见分光光度计的基本结构及使用方法。
2. 掌握紫外-可见分光光度计的定量分析方法。
3. 掌握紫外吸收光谱曲线的绘制和测量波长的选择，以及标准曲线的绘制。

一、基本原理

紫外-可见分光光度法是根据物质对紫外或可见光谱区的光辐射的特征吸收和吸收程度进行的定性、定量分析方法。紫外-可见分光光度法准确度高、仪器价格低廉、操作简便，主要应用于化合物的定量分析。其定量分析的主要依据为朗伯-比尔定律：

$$A = \varepsilon bc \tag{2-1}$$

式中 A——吸光度；

ε——化合物的摩尔消光系数，L/（mol · cm）；

b——比色皿厚度，cm；

c——溶液浓度，mol/L。

苯酚是一种重要化工原料，具有较强的毒性，长期饮用苯酚污染的水会引起头晕、贫血、神经系统疾病及癌症。苯酚在紫外光区有选择性吸收，可采用紫外-可见分光光度法对其进行定量。在酸性和中性溶液中，其吸收峰位于196nm、210nm和270nm处；在碱性溶液中，由于形成酚盐，吸收峰红移至207nm、235nm和288nm。可以视样品含量和干扰情况选择不同的介质环境和波长定量分析。当干扰较为严重时，还可以用差值分光光度法测定，以提高测定的选择性。

本实验选择在碱性条件下进行，通过紫外-可见分光光度计测定苯酚的紫外吸收光谱图（波长-吸光度曲线），以确定苯酚的最大吸收波长 λ_{max}。在 λ_{max} 下，测定苯酚标准浓度系列溶液的吸光度 A，绘制苯酚水溶液的标准工作曲线（浓度-吸光度曲线）。在相同条件下，测得样品的吸光度，根据朗伯-比尔定律，可得出未知样品中苯酚的含量。

二、仪器与试剂

1. 仪器

紫外-可见分光光度计，1cm 石英比色皿，容量瓶，吸量管，移液管，洗耳球，烧杯，镜头纸。

2. 试剂

0.01mol/L 氢氧化钠（NaOH）溶液，0.1000g/L 苯酚标准溶液，苯酚水样。

三、实验内容与步骤

1. 苯酚吸收曲线的绘制及最大吸收波长 λ_{max} 的测量

用吸量管取 5.00mL 0.1000g/L 苯酚标准溶液，于 25mL 容量瓶，用 0.01mol/L NaOH 溶液稀释至刻度，摇匀。以 0.01mol/L NaOH 溶液作参比溶液，在紫外-可见分光光度计上，从波长 200~300nm，每隔 5nm 或 2nm 测量一个吸光度并记录（靠近最大吸收峰值附近，波长取点间隔缩小至 1nm）。以波长对吸光度作图，绘制出苯酚的吸收曲线。求得苯酚最大吸收波长 λ_{max}。

2. 苯酚标准曲线的绘制

用吸量管分别吸取 1.00、2.00、3.00、4.00、5.00、6.00mL 苯酚标准溶液，分别放入 25mL 容量瓶中，用 0.01mol/L NaOH 稀释至刻度，摇匀。此苯酚标准溶液系列对应的浓度分别为 4.0、8.0、12.0、16.0、20.0、24.0mg/L。用 1cm 石英比色皿，以 0.01mol/L NaOH 溶液作参比溶液，在最大吸收波长 λ_{max} 处，按浓度从低到高依次测定对应的苯酚标准溶液系列的吸光度，并记录。

3. 水样的测定

用移液管移取含酚水样 10.00mL 两份，分别放入 2 个 25mL 容量瓶中，用 0.01mol/L NaOH 溶液稀释至刻度。在与制作标准曲线相同的条件下测定试样溶液的吸光度，根据标准曲线得出试样的苯酚含量（mg/L）。

四、实验数据与处理

（1）绘制苯酚紫外吸收光谱曲线，确定最大吸收波长 λ_{max}。

（2）以苯酚标准溶液的含量（mg/L）为横坐标，对应的吸光度 A 为纵坐标，绘制标准曲线，计算回归方程。

（3）用标准曲线的回归方程计算水样中苯酚含量（mg/mL）。

五、注意事项

（1）正确选择紫外-可见分光光度计的光源灯。

（2）比色皿中溶液达 2/3 即可，不可过多或过少。

（3）切记不可用手接触和擦拭比色皿的透光面，应用擦镜纸拭净。

1. 紫外-可见分光光度法与可见分光光度法有何异同？

2. 本实验能否用玻璃比色皿代替石英比色皿？为什么？

3. 本实验是采用紫外吸收光谱中波长最大的吸收峰进行测定的，是否可以在另外两个吸收峰下进行定量测定，为什么？

实验二　双组分混合物的分光光度法测定（维生素 C 和维生素 E）

目的与要求

1. 掌握单波长双光束紫外-可见分光光度计的使用。
2. 学会用解联立方程组的方法，定量测定吸收曲线相互重叠的二元混合物。

一、基本原理

在多组分体系中，如果吸光物质的吸收光谱相互重叠，这时体系的总吸光度等于各组分吸光度之和，也就是吸光度具有加和性。若 A 组分和 B 组分的吸收曲线相互重叠，在进行分光光度法测定时，两组分彼此干扰。根据吸光度的加和性原理，可通过解联立方程组的方法求得各组分的含量。

$$\begin{cases} A_{\lambda_1}=\varepsilon_{\lambda_1 A}bc_A+\varepsilon_{\lambda_1 B}bc_B & (2-2) \\ A_{\lambda_2}=\varepsilon_{\lambda_2 A}bc_A+\varepsilon_{\lambda_2 B}bc_B & (2-3) \end{cases}$$

首先分别绘制 A、B 组分的吸收光谱曲线，确定 A、B 组分的最大吸收波长 λ_1 和 λ_2。分别测定 A、B 组分标准溶液在 λ_1 和 λ_2 的摩尔吸收系数 $\varepsilon_{\lambda_1 A}$、$\varepsilon_{\lambda_2 A}$ 和 $\varepsilon_{\lambda_1 B}$、$\varepsilon_{\lambda_2 B}$。最后测定样品 λ_1 和 λ_2 处的吸光度，解上述二元一次方程组，即可求得 A、B 两组分各自的浓度 c_A 和 c_B。

维生素 C（抗坏血酸）和维生素 E（α-生育酚）均具有还原性，作为抗氧化剂一起使用可以起到“协同的”作用，因此，它们常作为组合试剂用于各种食品中。维生素 C 和维生素 E 的吸收曲线相互重叠，可通过解联立方程组的方法对它们的混合液进行定量。

二、仪器与试剂

1. 仪器

紫外-可见分光光度计，1cm 石英比色皿，50mL 容量瓶，10mL 吸量管。

2. 试剂

（1）维生素 C（7.50×10^{-5}mol/L）　称取 0.0132g 维生素 C，溶于无水乙醇中，并用无水乙醇定容至 1000mL。

（2）维生素 E（1.13×10^{-4}mol/L）　称取 0.0488g 维生素 C，溶于无水乙醇中，并用无水乙醇定容至 1000mL。

（3）无水乙醇、未知样液。

三、实验内容与步骤

1. 标准溶液配制

（1）分别取维生素 C 储备液 4.00、6.00、8.00、10.00mL 于 4 个 50mL 容量瓶中，用无水乙醇稀释至刻度，摇匀。

（2）分别取维生素 E 储备液 4.00、6.00、8.00、10.00mL 于 4 个 50mL 容量瓶中，用无水乙醇稀释至刻度，摇匀。

2. 吸收光谱曲线绘制

以无水乙醇为参比，在 220~320nm 范围进行扫描（每隔 5nm 测量一个吸光度），分别绘出维生素 C 和维生素 E 的吸收光谱，并确定它们的最大吸收波长 λ_1 和 λ_2。

3. 标准曲线绘制

以无水乙醇为参比，在波长 λ_1 和 λ_2 分别测定步骤 1 配制的 8 个标准溶液的吸光度。

4. 未知样品中维生素 C 和维生素 E 的测定

取未知液 5.00mL 于 50mL 容量瓶中，用无水乙醇稀释至刻度，摇匀。在 λ_1 和 λ_2 处分别测其吸光度。

四、实验数据与处理

（1）绘制维生素 C 和维生素 E 的吸收光谱，确定 λ_1 和 λ_2。

（2）分别绘制维生素 C 和维生素 E 在 λ_1 和 λ_2 下的 4 条标准曲线，求出 4 条直线的斜率，即 $\varepsilon_{\lambda_1 C}$、$\varepsilon_{\lambda_2 C}$、$\varepsilon_{\lambda_1 E}$ 和 $\varepsilon_{\lambda_2 E}$。

（3）计算食品未知液中维生素 C 和维生素 E 的浓度。

五、注意事项

抗坏血酸会缓慢地氧化成脱氢抗坏血酸，所以必须在每次实验时配制新鲜溶液。

1. 写出维生素 C 和维生素 E 的结构式。

2. 假设需要测定吸收光谱曲线相互重叠的三元体系混合物，能否用解联立方程组的方法测定它们各自的含量？

实验三　分光光度法测定食品中亚硝酸盐含量

目的与要求

1. 掌握紫外-可见分光光度法定量分析的原理。
2. 掌握紫外-可见分光光度法测定亚硝酸盐含量的原理及步骤。
3. 进一步熟悉紫外-可见分光光度计的使用。

一、基本原理

样品经沉淀蛋白质、除去脂肪后，在弱酸条件下使亚硝酸盐与对氨基苯磺酸发生重氮化反应，生成重氮化合物，重氮化合物再与盐酸萘乙二胺偶合形成紫红色染料，在 538nm 波长下测定其吸光度，根据朗伯-比尔定律，用标准曲线法测定亚硝酸盐含量。

二、仪器与试剂

1. 仪器

分析天平（感量为0. 1mg 和 1mg），恒温干燥箱，组织捣碎机，超声波清洗器，紫外-可见分光光度计，常用玻璃仪器。

2. 材料与试剂

（1）样品　火腿肠或午餐肉。

（2）亚铁氰化钾溶液（106g/L）　称取 106. 0g 亚铁氰化钾，用水溶解，定容至 1000mL。

（3）乙酸锌溶液（220g/L）　称取 220. 0g 乙酸锌，先加 30mL 冰乙酸溶解，用水稀释至 1000mL。

（4）饱和硼砂溶液（50g/L）　称取 5. 0g 硼酸钠，溶于 100mL 热水中，冷却备用。

（5）对氨基苯磺酸溶液（4g/L）　称取 0. 4g 对氨基苯磺酸，溶于 100mL 200g/L 盐酸中，混匀，置于棕色瓶中，避光保存。

（6）盐酸萘乙二胺溶液（2g/L）　称取 0. 2g 盐酸萘乙二胺，溶于 100mL 水中，混匀，置于棕色瓶中，避光保存。

（7）亚硝酸钠标准溶液（200μg/mL）　准确称取 0. 1000g 于 110～120℃ 干燥至恒重的亚硝酸钠，加水溶解，移入 500mL 容量瓶中，加水稀释至刻度，混匀。

（8）亚硝酸钠标准使用液（5. 0μg/mL）　临用前，吸取 2. 50mL 亚硝酸钠标准溶液，置于 100mL 容量瓶中，加水稀释至刻度。

三、实验内容与步骤

1. 样品处理

（1）提取　称取 10g（精确至 0.0001g）匀浆试样，置于 250mL 具塞锥形瓶中，加 12.5mL 饱和硼砂溶液，加入 120mL 70℃的水，混匀，于沸水浴中加热 15min，取出置于冷水浴中冷却，并放置至室温。

（2）提取液净化　定量转移上述提取液至 200mL 容量瓶中，加入 5mL 106g/L 亚铁氰化钾溶液，摇匀，再加入 5mL 220g/L 乙酸锌溶液，沉淀蛋白质。加水至刻度，摇匀，放置 30min，除去上层脂肪，上清液用滤纸过滤，弃去初滤液 30mL，滤液备用。

2. 亚硝酸盐测定

准确吸取 20.00mL 上述滤液，另吸取 0.00、0.10、0.20、0.40、0.80、1.20mL 亚硝酸钠标准使用液（相当于 0.0、0.5、1.0、2.0、4.0、6.0μg 亚硝酸钠），分别置于 25mL 具塞比色管中。于标准液容量瓶中与试样容量瓶中分别加入 1mL 4g/L 对氨基苯磺酸溶液，混匀，静置 3～5min 后各加入 1mL 2g/L 盐酸萘乙二胺溶液，加水至刻度，混匀，静置 15min，用 1cm 比色皿，以空白调节零点，于波长 538nm 处测吸光度，绘制标准曲线比较。同时做试剂空白实验。

四、实验数据与处理

（1）以吸光度 A 为纵坐标，亚硝酸盐含量（μg）为横坐标绘制标准曲线，求得回归方程。

（2）通过回归方程求得试样溶液中的亚硝酸盐含量。

（3）计算样品中亚硝酸盐的含量。

亚硝酸盐（以亚硝酸钠计）的含量按式（2-4）计算：

$$X_1 = \frac{m_1 \times 1000}{m_2 \times \frac{V_1}{V_0} \times 1000} \tag{2-4}$$

式中　X_1——试样中亚硝酸钠的含量，mg/kg；

m_1——测定用样液中亚硝酸钠的质量，μg；

1000——转换系数；

m_2——试样质量，g；

V_1——测定用样液体积，mL；

V_0——试样处理液总体积，mL。

结果保留两位有效数字。

五、注意事项

（1）处理样品时一定要在碱性条件下进行。

（2）为了使亚硝酸提取完全，应该进行热处理，加热时间应控制好时间，约为15min。因为在加热下样品容易挥发，也易分解，造成损失。

（3）盐酸萘乙二胺有致癌的作用，使用时注意安全。

1. 利用分光光度法测定亚硝酸盐含量能否不加显色剂直接进行测定？
2. 亚硝酸盐提取时加饱和硼砂有什么作用？

实验四　食品中磷含量测定（钼蓝比色法）

目的与要求

1. 了解钼蓝比色法测定食品中磷含量的方法。
2. 掌握分光光度计的使用。

一、基本原理

样品经消化后，使磷游离出来，以正磷酸根的形式存在。正磷酸根在酸性条件下与钼酸铵配位生成淡黄色的磷钼酸铵，此化合物被对苯二酚、亚硫酸钠或氯化亚锡、硫酸肼还原成蓝色化合物钼蓝。钼蓝在660nm处的吸光度与磷的浓度成正比。用分光光度计测定试样溶液的吸光度，与标准系列比较定量。

二、仪器与试剂

1. 仪器

分析天平（感量为0.1mg和1mg），恒温干燥箱，电热炉，马弗炉，分光光度计，常用玻璃仪器。

2. 材料与试剂

（1）样品　全脂乳粉。

（2）钼酸铵溶液（25g/L）　称取2.5g钼酸铵，加150g/L硫酸溶液溶解，并稀释至100mL，混匀。

（3）氯化亚锡（25g/L）　称取2.5g氯化亚锡，溶于100mL甘油中。水浴加热使其溶解。冷却后于棕色瓶中保存。

（4）磷标准储备液（10.0mg/L）　准确称取在105℃下干燥至恒重的磷酸二氢钾0.4394g（精确至0.0001g）置于烧杯中，加入适量水溶解并转移至1000mL容量瓶中，加水定容至刻度，摇匀。取10mL上述溶液于100mL容量瓶中，用水稀释至刻度。此溶液每毫升相当于10μg的磷。

（5）浓硝酸。

三、实验内容与步骤

1. 样品前处理

称取1g（精确至0.001g）乳粉于消化管中，加入20mL浓硝酸，置于消化炉上，以

200℃消化3h，消化液呈无色透明或略带黄色。放冷后转移至500mL容量瓶中，用水多次洗涤消化管，合并洗液于容量瓶中，加水至刻度，混匀。作为试样测定溶液。同时做试剂空白实验。

2. 标准曲线绘制

准确吸取磷标准使用液0.0、0.25、0.50、0.75、1.0、1.25mL，相当于含磷量0.0、2.5、5.0、7.5、10.0、12.5μg，分别置于50mL比色管中，各加入20mL蒸馏水，2mL钼酸铵溶液，0.25mL氯化亚锡溶液，摇匀。各管均补加水至50mL，混匀。在室温放置5min后，用1cm比色皿，在660nm波长处，以空白作参比，测定其吸光度，以吸光度对磷含量绘制标准曲线。

3. 试样溶液测定

准确吸取试样溶液0.25mL及等量的空白溶液，分别置于50mL比色管中，按上述操作依次加入各种试剂，进行显色，测定其吸光度，与标准系列比较定量。

四、实验数据与处理

（1）以吸光度 A 为纵坐标，磷含量（μg）为横坐标绘制标准曲线，求得回归方程。

（2）通过回归方程求得样液中的磷含量。

（3）计算样品中磷的含量。

试样中磷的含量按式（2-5）计算：

$$X = \frac{(m_1 - m_0) \times V_1}{m \times V_2} \times \frac{100}{1000} \tag{2-5}$$

式中 X——试样中磷含量，mg/100g；

m_1——测定用试样溶液中磷的质量，μg；

m_0——测定用空白溶液中磷的质量，μg；

V_1——试样消化液定容体积，mL；

m——试样称样量，g；

V_2——为测定用试样消化液的体积，mL；

100——换算系数；

1000——换算系数。

结果保留三位有效数字。

五、注意事项

（1）使用钼蓝比色法时，钼酸铵-硫酸溶液必须准确量取。

（2）磷钼蓝有色物易吸附在比色皿上，更换样液时先用蒸馏水冲洗数次，再测下一个样品，同时应尽量先测磷含量较低的样品。

（3）实验完毕比色皿可用稀硝酸或铬酸洗液浸泡片刻再加以清洗。

1. 磷元素测定的显色方法有哪些？
2. 使用氯化亚锡作为还原剂进行显色有何优缺点？
3. 显色时间过长，对实验结果有何影响？

第三章

原子吸收光谱法

实验一　火焰原子吸收光谱法测定葡萄酒中铜的含量

目的与要求

1. 了解原子吸收分光光度计的基本结构和工作原理。
2. 掌握火焰原子吸收光谱分析的基本操作和注意事项。
3. 掌握标准曲线法进行定量测定的方法。

一、基本原理

铜是人体必需的微量元素，对维持正常生命活动发挥着重要作用，但铜对人体也有潜在毒害作用，当摄入量超过正常值时，会引起胃肠紊乱等不良反应。葡萄酒中的铜含量易受环境的影响，包括土壤、气候、酿制过程、生产设备和贮存容器，以及人为添加剂等多种因素。因此，铜的测量指标也是葡萄酒品质控制的一项重要指标。

铜是原子吸收光谱分析中经常测定的元素之一，在空气-乙炔火焰（贫焰）进行测定中干扰较少，用标准曲线法进行定量分析较方便。原子吸收法是基于空心阴极灯发射出的待测元素的特征谱线，通过试样蒸气，被蒸气中待测元素的基态原子所吸收，由特征谱线被减弱的程度，来测定试样中待测元素含量的方法。试样经消解处理后，经火焰原子化，在324.8nm处测定吸光度。在一定浓度范围内铜的吸光度与铜含量成正比，与标准系列比较定量。

二、仪器与试剂

1. 仪器

原子吸收光谱仪（配火焰原子化器，附铜空心阴极灯）；电子天平；可调温式电热板、可调温式电炉；马弗炉；压力消解器、压力消解罐；微波消解系统：配聚四氟乙烯或其他合适的压力罐。

2. 试剂

（1）硝酸（分析纯）、高氯酸（分析纯）、去离子水等。无水硫酸铜（$CuSO_4$）标准品，纯度为99.99%，或经国家认证并授予标准物质证书的一定浓度的铜标准溶液。

（2）硝酸溶液（5∶95，体积比）　取50.0mL硝酸加入200mL水中，稀释至1000mL。

（3）硝酸溶液（1∶1，体积比）　取25mL硝酸慢慢加入25mL水中。

（4）铜标准储备液（1000mg/L）　准确称量3.9289g无水硫酸铜于小烧杯中，分次加入少量硝酸溶液（1∶1，体积比）溶解，移入1L容量瓶中，用水定容至刻度，混匀；或直接使用国家认证并授予标准物质证书的标准物质。

（5）铜标准使用液（10mg/L）　吸取铜标准储备液10.0mL于100mL容量瓶中，用硝酸溶液（5∶95，体积比）定容至刻度，多次稀释成每毫升含10mg铜的标准使用液。

（6）标准曲线工作液　分别准确吸取上述稀释后的铜标准使用液0、1、2、4、8、10mL于100mL容量瓶中，用硝酸溶液（5∶95，体积比）定容至刻度，即得到铜含量为0、0.1、0.2、0.4、0.8、1mg/L的标准系列溶液。

三、实验内容与步骤

1. 试样制备

取适量葡萄酒，摇匀备用。

2. 试样消解

根据实验室条件选用以下任何一种方法消解，称量时应保证样品的均匀性：

（1）压力消解罐消解法　准确移取液体试样0.50~3.00mL于聚四氟乙烯内罐，加硝酸5mL浸泡过夜。盖好内盖，旋紧不锈钢外套，放入恒温干燥箱，120~160℃保持4~6h，在箱内自然冷却至室温，打开后加热赶酸至1mL左右，将消化液洗入10mL容量瓶中，用少量水洗涤内罐和内盖3次，洗液合并于容量瓶中并用水定容至刻度，混匀备用；同时做试剂空白实验。

（2）微波消解法　准确移取液体试样0.50~3.00mL置于微波消解罐中，加5mL硝酸。微波消化程序可以根据仪器型号调至最佳条件。消解完毕，待消解罐冷却后打开，消化液呈无色或淡黄色，打开后加热赶酸至1mL左右，将消化液洗入10mL容量瓶中，用少量水洗涤内罐和内盖3次，洗液合并于容量瓶中并用水定容至刻度，混匀备用；同时做试剂空白实验。

（3）湿式消解法　准确移取液体试样0.50~3.00mL于锥形瓶中，放数粒玻璃珠，加10mL硝酸，高氯酸0.5mL，加一小漏斗在电热板上消解，若变棕黑色，再加少量硝酸，直至冒白烟，消化液呈无色透明或略带微黄色，打开后加热赶酸至1mL左右，将消化液洗入10mL容量瓶中，用少量水洗涤内罐和内盖3次，洗液合并于容量瓶中并用水定容至刻度，混匀备用；同时做试剂空白实验。

（4）干法灰化　准确移取液体试样0.50~3.00mL于瓷坩埚中，先小火在可调式电炉上炭化至无烟，移入马弗炉500℃灰化3~4h，冷却。若个别试样灰化不彻底，加1mL混合酸在可调式电炉上小火加热，将混合酸蒸干后，再转入马弗炉中500℃继续灰化1~2h，直至试样消化完全，呈灰白色或浅灰色。冷却，取出，用适量硝酸溶液（1∶1，体积比）溶解并用水定容至10mL。同时做试剂空白实验。

3. 仪器条件

根据所用仪器型号将仪器调至最佳状态。原子吸收分光光度计测定参考条件如下：

波长：Cu 324.7nm；灯电流：1.5mA；单色仪通带：0.2nm（狭缝宽0.1nm）；燃烧器

高度：8mm；空气压力：0.2～0.3MPa，流量：5.5L/min；钢瓶装乙炔压力：0.05MPa，流量：1.2L/min。

4. 标准曲线绘制

将标准曲线工作液按浓度由低到高的顺序各取10μL分别注入火焰原子化器，测其吸光度，以标准曲线工作液的浓度为横坐标，相应的吸光度为纵坐标，绘制标准曲线并求出吸光度与浓度关系的一元线性回归方程。标准系列溶液应不少于5个点的不同浓度的铜标准溶液，相关系数不应小于0.995。

5. 试样溶液测定

于测定标准曲线工作液相同的实验条件下，吸取样品消化液10μL，注入火焰原子化器，测其吸光度。代入标准系列的一元线性回归方程中求样品消化液中铜的含量，平行测定次数不少于3次。若测定结果超出标准曲线范围，用硝酸溶液（1%，体积分数）稀释后再进行测定。

四、实验数据与处理

葡萄酒中铜含量按式（3-1）进行计算：

$$X = \frac{(\rho - \rho_0) \times V_1}{V} \tag{3-1}$$

式中 X——葡萄酒中铜的含量，mg/L；

ρ——试样消化液中铜的含量，mg/L；

ρ_0——空白液中铜的含量，mg/L；

V_1——试样消化液定容总体积，mL；

V——试样体积，mL。

以重复性条件下获得的3次独立测定结果的算术平均值表示，结果保留两位有效数字。

五、注意事项

（1）仪器操作时应选择待测元素的元素灯，以及选定正确的特征波长。

（2）点火时排风装置必须打开，关火时一定要先关乙炔，待火焰自然熄灭后再关空压机。

（3）检查乙炔气瓶的量是否足够，是否能够维持正常使用。乙炔气瓶需设置在通风条件好的地方，3m内不得有明火。

1. 标准曲线法有什么优点，在哪些情况下用标准曲线法？
2. 实际样品预处理中有哪些注意事项？

实验二　石墨炉原子吸收法测定大米中镉的含量

目的与要求

1. 学习并能熟练使用原子吸收分光光度计。
2. 掌握石墨炉原子吸收法的原理和特点。
3. 掌握大米中镉含量的分析方法及实验技术。

一、基本原理

大米作为粮食中的主要来源，在日常生活中作为主食，摄入量的占比较大，其质量安全备受人们关注，尤其是粮食中含镉问题。镉是一种对人体有害的金属元素，摄入人体内部被吸收，在肾脏和肝脏中蓄积，造成积累性中毒，摄入过量的镉会引发多种疾病，影响人体健康。《食品安全标准　食品中污染物限量（含第 1 号修改单）》（GB 2762—2017）对大米中的镉含量做了限定：大米中镉含量不大于 0.2mg/kg。

石墨炉原子吸收法测定镉含量具有准确、快速、操作简单、灵敏度高、检出限低等特点。其基本原理是使光源辐射出的待测元素的特征光谱通过样品蒸气时，被蒸气中待测元素的基态原子所吸收，在一定范围与条件下，入射光被吸收而减弱的程度与样品中待测元素的含量成正比关系，由此可得出样品中待测元素的含量。

大米试样经灰化或酸消解后，注入一定量样品消化液于原子吸收分光光度计石墨炉中，电热原子化后吸收 228.8nm 共振线，在一定浓度范围内，其吸光度与镉含量成正比，采用标准曲线法定量。

二、仪器与试剂

1. 仪器

原子吸收分光光度计（附石墨炉）；镉空心阴极灯；电子天平；可调温式电热板、可调温式电炉；马弗炉；压力消解器、压力消解罐；微波消解系统：配聚四氟乙烯或其他合适的压力罐。

2. 试剂

（1）盐酸（分析纯）、硝酸（分析纯）、高氯酸（分析纯）、氯化铵（分析纯）、去离子水等。

（2）硝酸溶液（1%，体积分数）　取 10.0mL 硝酸加入 100mL 水中，稀释至 1000mL。

（3）盐酸溶液（1∶1，体积比） 取50mL盐酸慢慢加入50mL水中。

（4）硝酸-高氯酸混合溶液（9∶1，体积比） 取9份硝酸与1份高氯酸混合。

（5）金属镉（Cd）标准品 纯度为99.99%或经国家认证并授予标准物质证书的标准物质。

（6）镉标准储备液（1000mg/L） 准确称量1.0000g金属镉标准品于小烧杯中，分次加入20mL盐酸溶液（1∶1，体积比）溶解，加2滴硝酸，移入1L容量瓶中，用水定容至刻度，混匀；或直接购买国家认证并授予标准物质证书的标准物质。

（7）镉标准使用液（1mg/L） 吸取镉标准储备液10.0mL于100mL容量瓶中，用硝酸溶液（1%，体积分数）定容至刻度，多次稀释成每毫升含1mg镉的标准使用液。

（8）镉标准曲线工作液 分别准确吸取上述稀释后的镉标准使用液0、0.5、1、1.5、2、5mL于100mL容量瓶中，用硝酸溶液（1%，体积分数）定容至刻度，即得到镉含量为0、5、10、15、20、50μg/L的标准系列溶液。

三、实验内容与步骤

1. 试样制备

粮食、大米去除杂质、去壳，磨碎成均匀的样品，粒度不大于0.425mm。将磨碎品贮于洁净的塑料瓶中，并标明标记，于室温下或按样品保存条件下保存备用。

2. 试样消解

根据实验室条件选用以下任何一种方法消解，称量时应保证样品的均匀性：

（1）压力消解罐消解法 称取干试样1.000~2.000g、鲜（湿）试样2.000~3.000g于聚四氟乙烯内罐，加硝酸5mL浸泡过夜。再加2mL过氧化氢溶液（300g/L），总量不能超过罐容积的1/3。盖好内盖，旋紧不锈钢外套，放入恒温干燥箱，120~160℃保持4~6h，在箱内自然冷却至室温，打开后加热赶酸至近干，将消化液洗入25mL容量瓶中，用少量硝酸溶液（1%，体积分数）洗涤内罐和内盖3次，洗液合并于容量瓶中用硝酸溶液（1%，体积分数）定容至刻度，混匀备用；同时做试剂空白实验。

（2）微波消解法 称取干试样1.000~2.000g、鲜（湿）试样2.000~3.000g置于微波消解罐中，加5mL硝酸和2mL过氧化氢。微波消化程序可以根据仪器型号调至最佳条件。消解完毕，待消解罐冷却后打开，消化液呈无色或淡黄色，加热赶酸至近干，用少量硝酸溶液（1%，体积分数）冲洗消解罐3次，将溶液转移至25mL容量瓶中，并定容至刻度，混匀备用；同时做试剂空白实验。

（3）湿式消解法 称取干试样1.000~2.000g、鲜（湿）试样2.000~3.000g于锥形瓶中，放数粒玻璃珠，加10mL硝酸-高氯酸混合溶液（9∶1，体积比），加盖浸泡过夜，加一小漏斗在电热板上消化，若变棕黑色，再加硝酸，直至冒白烟，消化液呈无色透明或略带微黄色，放冷后将消化液洗入25mL容量瓶中，用少量硝酸溶液（1%，体积分数）洗涤锥形瓶3次，洗液合并于容量瓶中并定容至刻度，混匀备用；同时做试剂空白实验。

（4）干法灰化　称取 1.000～2.000g、鲜（湿）试样 2.000～3.000g 于瓷坩埚中，先小火在可调式电炉上炭化至无烟，移入马弗炉 500℃灰化 6～8h，冷却。若个别试样灰化不彻底，加 1mL 混合酸在可调式电炉上小火加热，将混合酸蒸干后，再转入马弗炉中 500℃继续灰化 1～2h，直至试样消化完全，呈灰白色或浅灰色。放冷，用硝酸溶液（1%，体积分数）将灰分溶解，将试样消化液移入 25mL 容量瓶中，用少量硝酸溶液（1%，体积分数）洗涤瓷坩埚 3 次，洗液合并于容量瓶中并定容至刻度，混匀备用；同时做试剂空白实验。

3. 仪器条件

根据所用仪器型号将仪器调至最佳状态。原子吸收分光光度计（附石墨炉及镉空心阴极灯）测定参考条件如下：

波长 228.8nm；狭缝 0.2～1.0nm；灯电流 2～10mA；干燥温度 105℃；干燥时间为 20s；灰化温度 400～700℃，灰化时间 20～40s；原子化温度 1300～2300℃，灰化时间3～5s；背景校正为氘灯或塞曼效应；氩气流量 0.15L/min。

4. 标准曲线绘制

将标准曲线工作液按浓度由低到高的顺序各取 20μL 注入石墨炉，测其吸光度，以标准曲线工作液的浓度为横坐标，相应的吸光度为纵坐标，绘制标准曲线并求出吸光度与浓度关系的一元线性回归方程。标准系列溶液应不少于 5 个点的不同浓度的镉标准溶液，相关系数不应小于 0.995。

5. 试样溶液测定

于测定标准曲线工作液相同的实验条件下，吸取样品消化液 20μL，注入石墨炉，测其吸光度。代入标准系列的一元线性回归方程中求样品消化液中镉的含量，平行测定次数不少于 3 次。若测定结果超出标准曲线范围，用硝酸溶液（1%，体积分数）稀释后再行测定。

四、实验数据与处理

大米中镉含量按式（3-2）进行计算：

$$X = \frac{(\rho - \rho_0) \times V}{m \times 1000} \tag{3-2}$$

式中　X——大米中镉含量，mg/kg；

ρ——试样消化液中镉含量，μg/L；

ρ_0——空白液中镉含量，μg/L；

V——试样消化液定容总体积，mL；

m——试样质量或体积，g；

1000——换算系数。

以重复性条件下获得的 3 次独立测定结果的算术平均值表示，结果保留两位有效数字。

五、注意事项

（1）样品测试过程需对所有的玻璃仪器进行清洁。

（2）仪器操作时，在“测定方法”中应选定“石墨炉”，系统才会自动完成从“火焰法”向“石墨炉”的转换。样品在测量前，需要先对加热程序进行设置。

（3）测量完毕后，会弹出冷却倒计时窗口，此时不能进行其他操作，必须等冷却结束后，才可继续测量。

1. 用石墨炉原子吸收法测定镉含量有什么优点？
2. 简述石墨炉原子吸收与火焰原子吸收的区别。

实验三　火焰原子吸收光谱法测定豆制品的铜

目的与要求

1. 学习火焰原子吸收光谱分析法的基本原理。
2. 了解火焰原子吸收光谱分析仪的基本结构及使用方法。
3. 学习样品试样的处理方法。

一、基本原理

火焰原子吸收光谱法是测定多种试样中金属元素的常用方法。试样经处理后，其中的金属元素以可溶状态存在。样液导入原子吸收分光光度计中，所产生的原子蒸气吸收特定谱线（铜的特征谱线为324.8nm），其吸收值与待测元素含量成正比，通过标准曲线法测定样品中金属元素的含量。

二、仪器与试剂

1. 仪器

火焰原子吸收分光光度计；铜空心阴极灯；无油空气压缩机；乙炔钢瓶；通风设备；马弗炉；电炉；瓷坩埚以及玻璃仪器等。

2. 试剂

金属铜；硝酸（分析纯）；纯水、去离子水或蒸馏水。

三、实验内容与步骤

1. 试样制备

准确称取2g（精确至0.001g）试样，置于瓷坩埚中，炭化至无烟后，转移至马弗炉，在550℃灰化3~4h，取出冷却。加入5mL硝酸溶液（1∶1，体积比）溶解并用蒸馏水定容至10mL。同时制备空白溶液。

2. 标准溶液配制

（1）铜储备液　准确称取1g纯金属铜（精确到0.0001g），溶于少量6mol/L硝酸中，移入1000mL容量瓶，用0.1mol/L硝酸稀至刻度，此溶液含铜1.000mg/mL。

（2）铜标准溶液　取2mL铜储备液，用硝酸（2∶98，体积比）稀释至100mL，制成20.00μg/mL铜的标准溶液。在5只100mL容量瓶中，准确移取20.00μg/mL铜标准溶液0.50、2.5、5.00、7.50、10.00mL，再加入硝酸（2∶98，体积比）稀至刻度，摇匀备用。铜系列标准溶液的浓度分别为0.10、0.50、1.00、1.50、2.00μg/mL。

3. 测定

(1) 使用乙炔-空气组合，选择波长324.8nm，并根据各自仪器性能将狭缝宽、灯电流、燃烧头高度、空气流量乙炔流量调整到最佳实验条件。

(2) 将铜标准系列溶液按质量浓度由低到高的顺序分别导入火焰原子化器，原子化后测其吸光度，每种溶液连续检测三次。

(3) 在与测定标准溶液相同的实验条件下，将空白溶液和试样溶液分别导入火焰原子化器，原子化后测其吸光度，每种溶液连续检测三次。

四、实验数据与处理

(1) 以铜标准溶液的浓度为横坐标，吸光度为纵坐标，运用作图软件绘制铜的标准曲线，并得到曲线方程。由试样溶液吸光度及曲线方程得出溶液中铜离子的浓度。

(2) 确定豆制品中铜元素的含量（以μg/g表示），试样中铜含量按式（3-3）计算。

$$X = \frac{(\rho - \rho_0) \times V}{m} \tag{3-3}$$

式中 X——试样中铜的含量，mg/kg；

ρ——试样溶液中铜的质量浓度，μg/mL；

ρ_0——空白溶液中铜的质量浓度，μg/mL；

V——试样溶液的定容体积，mL；

m——试样称样量，g。

五、注意事项

(1) 如果样品中这些元素的含量较低，可以增加取样量。

(2) 处理好的试样溶液若混浊，可用定量滤纸过滤。

1. 火焰原子吸收光谱法具有哪些优缺点？

2. 原子吸收分光光度法为什么要用待测元素的空心阴极灯作为光源？可否用氘灯或钨灯代替，为什么？

3. 样品为什么要灰化？除了灰化，还有哪些样品预处理方法？

第四章

电感耦合等离子体法

实验一　电感耦合等离子体发射光谱法测定饮料中锌、铜、铁的含量

目的与要求

1. 学习电感耦合等离子体发射光谱的基本原理。
2. 学习电感耦合等离子体发射光谱仪的基本构造。
3. 熟练电感耦合等离子体发射光谱仪的软件操作。
4. 掌握电感耦合等离子体发射光谱仪的样品处理方法。

一、基本原理

电感耦合等离子体发射光谱法（inductive coupled plasma optical emission spectrometer，ICP-OES）是根据每种原子或离子在热或电激发，处于激发态的待测元素原子回到基态时发射出特征的电磁辐射而进行元素定性和定量分析的方法。

电感耦合等离子体（ICP）光谱仪是一种以电感耦合高频等离子体为光源的原子发射光谱装置，由高频等离子体发生器、等离子炬管、进样系统、光谱分光系统、检测器和数据处理系统组成。高频等离子体发生器向耦合线圈提供高频能量，等离子炬管置于耦合线圈中心，内通冷却气、辅助气和载气，在炬管中产生高频电磁场。用微电火花引燃，让部分氩气电离，产生电子和离子。电子在高频电磁场中获得高能量，通过碰撞把能量转移给氩原子，使之进一步电离，产生更多的电子和离子。当该过程像雪崩一样进行时，导电气体受高频电磁场作用，形成一个与耦合线圈同心的涡流区。强大的电流产生的高热把气体加热，从而形成火炬形状的可以自持的等离子体。试样由蠕动泵定量提取，经载气带入雾化系统进行雾化，以气溶胶形式进入等离子体炬管中心通道，在高温和惰性氩气气氛中，气溶胶微粒被充分蒸发、原子化、激发和电离。被激发的原子和离子发射出很强的原子谱线和离子谱线。光谱分光系统将各被测元素发射的特征谱线分光，经光电检测器由数据处理系统对实验数据进行处理打印输出。

电感耦合等离子体发射光谱具有同时测定一个样品中多种元素、分析速度快、选择性好、稳定性好、灵敏度高等特性，在食品检测分析中具有非常重要的作用。饮料试样经过消解后，所得溶液经水稀释定容后，经电感耦合等离子体发射仪测定，与标准系列比较定量。

二、仪器与试剂

1. 仪器

电感耦合等离子体发射光谱（ICP-OES）仪；电子天平；可调温式电热板、可调温式电炉；马弗炉；压力消解器，压力消解罐；微波消解仪；高纯氩气、烧杯、容量瓶。所有的玻璃试瓶均经过硝酸溶液（1∶4，体积比）浸泡24h，用水反复冲洗，最后用去离子水冲洗干净，晾干备用。

2. 试剂

（1）硝酸（优级纯）；高氯酸（优级纯）；过氧化氢（300g/L）；氩气（≥99.995%）或液氩；去离子水。

（2）硝酸溶液（5∶95，体积比）　取50mL硝酸，缓慢加入950mL水中，混匀。

（3）硝酸-高氯酸（10∶1，体积比）　取10mL高氯酸，缓慢加入100mL硝酸中，混匀。

3. 标准品

元素储备液（1000mg/L）：锌、铜、铁，或采用国家认证并授予标准物质证书的单元素或多元素标准储备液。

4. 标准溶液配制

精确吸取适量多元素混合标准储备液，用硝酸溶液（5∶95，体积比）逐级稀释配成混合标准溶液系列，见表4-1。

表4-1　ICP-OES方法中元素的标准溶液系列质量浓度

序号	元素	单位	标准系列质量浓度					
			系列1	系列2	系列3	系列4	系列5	系列6
1	Zn	mg/L	0	0.25	1	2.5	5	7.5
2	Cu	mg/L	0	0.025	0.1	0.25	0.5	0.75
3	Fe	mg/L	0	0.25	1	2.5	5	7.5

三、实验内容与步骤

1. 试样制备

将液体饮料摇匀；固定饮料进行搅拌混合均匀，再贮于洁净的塑料瓶中，并标明标记，于室温下或按样品保存条件下保存备用。

2. 试样消解

根据实验室条件选用以下任何一种方法消解，称量时应保证样品的均匀性：

（1）压力消解罐消解法　称取干试样0.5~3g（精确至0.001g）、液体试样1.00~2.00mL于聚四氟乙烯内罐，加硝酸5mL浸泡过夜。再加过氧化氢溶液（300g/L）2~3mL，（总量不能超过罐容积的1/3）。盖好内盖，旋紧不锈钢外套，放入恒温干燥箱，

120~160℃保持4~6h，在箱内自然冷却至室温，打开后加热赶酸至近干，将消化液洗入25mL容量瓶中，用少量硝酸溶液（1%，体积分数）洗涤内罐和内盖3次，洗液合并于容量瓶中并定容至刻度，混匀备用；同时做试剂空白实验。

（2）微波消解　称取干试样0.5~3.0g（精确至0.001g）、液体试样1.00~2.00mL置于微波消解罐中，加5mL硝酸和2mL过氧化氢。微波消化程序可以根据仪器型号调至最佳条件。消解完毕，待消解罐冷却后打开，消化液呈无色或淡黄色，加热赶酸至近干，用少量硝酸溶液（1%，体积分数）冲洗消解罐3次，将溶液转移至25mL容量瓶中，并定容至刻度，混匀备用；同时做试剂空白实验。

（3）湿式消解法　称取干试样0.5~3.0g（精确至0.001g）、液体试样1.00~2.00mL于锥形瓶中，放数粒玻璃珠，加10mL硝酸-高氯酸混合溶液（10∶1，体积比），加盖浸泡过夜，加一小漏斗在电热板上消化，若变棕黑色，再加硝酸，直至冒白烟，消化液呈无色透明或略带微黄色，放冷后将消化液洗入25mL容量瓶中，用少量硝酸溶液（1%，体积分数）洗涤锥形瓶3次，洗液合并于容量瓶中并定容至刻度，混匀备用；同时做试剂空白实验。

（4）干法灰化　称取干试样0.5~3g（精确至0.001g）、液体试样1.00~2.00mL于瓷坩埚中，先小火在可调式电炉上炭化至无烟，移入马弗炉500℃灰化4~6h，冷却。若个别试样灰化不彻底，加1mL混合酸在可调式电炉上小火加热，将混合酸蒸干后，再转入马弗炉中500℃继续灰化1~2h，直至试样消化完全，呈灰白色或浅灰色。放冷，用硝酸溶液（1%，体积分数）将灰分溶解，将试样消化液移入25mL容量瓶中，用少量硝酸溶液（1%，体积分数）洗涤瓷坩埚3次，洗液合并于容量瓶中并定容至刻度，混匀备用；同时做试剂空白实验。

3. 仪器条件

电感耦合等离子体发射光谱仪测定参考条件如下：

观测方式：采用水平观测方式；功率：1150W；等离子气流量：15L/min；冷却气流量：10~20L/min；辅助气流量：0~1.5L/min；雾化气流量：0.4~1.0L/min；分析泵速：50r/min；锌的分析谱线波长：206.2/213.8nm；铁的分析谱线波长：239.5/259.9nm；铜的分析谱线波长：324.75nm。

4. 标准曲线绘制

将标准曲线工作液按浓度由低到高的顺序进行测量，以标准曲线工作液的浓度为横坐标，相应的强度为纵坐标，绘制标准曲线并求出强度与浓度关系的一元线性回归方程。

5. 试样溶液测定

于测定标准曲线工作液相同的实验条件下进行测量，代入标准系列的一元线性回归方程中求样品消化液中锌、铜、铁的含量，平行测定次数不少于3次。

四、实验数据与处理

将各元素所测得平均强度值用电脑软件分别做出工作曲线，利用各元素工作曲线计算出饮料中各元素的浓度，并计算出饮料中各元素的含量，实验数据记录见表4-2。

表4-2　　饮料中各种元素的含量测量值

元素	Zn	Cu	Fe
曲线计算各元素的浓度 ρ/（μg/L）			
空白实验中各元素的浓度 ρ_0/（μg/L）			
试样消化液的定容体积 V_1/mL			
样品的体积 V/（mL）			
饮料中各元素的含量 X/（mg/L）			
计算公式	$X=\frac{(\rho-\rho_0)\times V_1}{V\times 1000}$		

五、注意事项

电感耦合等离子体质谱法测定方法要考虑干扰的存在，大致主要有两类：一类是光谱干扰，主要包括连续背景和谱线重叠干扰；另一类是非光谱干扰，主要包括化学干扰、电离干扰、物理干扰等。因此，正确选择适宜的分析谱线，考虑干扰的消除和校正，通常可采用空白校正、稀释校正、内标校正、背景扣除校正、干扰系数校正和标准加入等方法。

1. 氩气在本实验中有哪几个功能？
2. 谈谈ICP光谱的特点。

实验二　电感耦合等离子体质谱法同时测定肉制品中5种痕量元素

目的与要求

1. 学习电感耦合等离子体质谱（ICP-MS）仪的基本原理和基本构造。
2. 学习电感耦合等离子体质谱仪的软件操作和注意事项。
3. 掌握肉制品的消解方式和ICP-MS同时测定多种元素的方法。

一、基本原理

肉及肉制品作为动物蛋白质的良好来源，其中重金属的污染是质量控制的重要项目之一。其重金属来源于动物食物链的生物富集作用，在较高级生物体内富集后进入人体；另外通过生产加工、贮藏运输过程出现的污染等途径带来的重金属，也会在最终产品中残留和富集后进入人体，造成对人体的潜在危害。电感耦合等离子体质谱法，具有灵敏度高、精密度高、一次可进行多种元素的测定、效度高等优势。

试样由电感耦合等离子体质谱仪测定，经雾化由载气带入等离子体炬管中，在高温和惰性氩气中蒸发、解离、原子化及离子化后进入质谱仪，质谱仪以元素特定质量数（质荷比，*m/z*）定性，采用外标法，以待测元素质谱信号与内标元素质谱信号的强度比与待测元素的浓度成正比进行定量分析。

二、仪器和试剂

1. 仪器

电感耦合等离子体质谱（ICP-MS）仪；电子天平；可调温式电热板、可调温式电炉；马弗炉；压力消解器、压力消解罐；微波消解系统；烧杯、容量瓶等；所有的玻璃试瓶均经过硝酸溶液（1∶4，体积比）浸泡24h，用水反复冲洗，最后用去离子水冲洗干净，晾干备用。

2. 试剂

（1）硝酸（优级纯）；高氯酸（优级纯）；氩气（≥99.995%）或液氩；氦气（≥99.995%）；金元素（Au）溶液（1000mg/L）；过氧化氢（300g/L）；去离子水。

（2）硝酸溶液（5∶95，体积比）　取50mL硝酸，缓慢加入950mL水中，混匀。

（3）硝酸-高氯酸（10∶1，体积比）　取10mL高氯酸，缓慢加入100mL硝酸中，混匀。

（4）汞标准稳定剂　取2mL金元素（Au）溶液，用硝酸溶液（5∶95，体积比）稀释至1000mL，用于汞标准溶液的配制。

3. 标准品

（1）元素储备液（1000mg/L） 铅、镉、砷、铬、汞，采用国家认证并授予标准物质证书的单元素或多元素标准储备液。

（2）内标元素储备液（1000mg/L） 钪、锗、铟、铑、铼、铋等采用经国家认证并授予标准物质证书的单元素或多元素标准储备液。

（3）质谱调谐液 采用锂、钪、锗、钇、铟、铋为质谱调谐液，混合溶液浓度为1μg/L。

4. 标准溶液配制

（1）标准溶液 精确吸取适量单元素或多元素混合标准储备液，用硝酸溶液（5∶95，体积比）逐级稀释配成混合标准溶液系列，其中汞标准系列采用汞标准稳定剂单独配制，各元素质量浓度见表4-3。

表4-3 ICP-MS方法中元素的标准溶液系列质量浓度

序号	元素	单位	标准系列质量浓度					
			系列1	系列2	系列3	系列4	系列5	系列6
1	砷	μg/L	0	1	5	10	30	50
2	镉	μg/L	0	1	5	10	30	50
3	铬	μg/L	0	1	5	10	30	50
4	铅	μg/L	0	1	5	10	30	50
5	汞	ng/L	0	5	10	20	50	100

（2）内标使用液 取适量锂、钪、锗、钇、铟、铋内标单元素储备液或内标多元素标准储备液用硝酸溶液（5∶95，体积比）稀释，配制成浓度为1mg/L的混合内标使用液。

三、实验内容与步骤

1. 试样制备

将样品用粉碎机打碎，均匀搅拌，混匀。贮于洁净的塑料瓶中，并标明标记，于4℃冰箱冷藏备用。

2. 试样消解

根据实验室条件选用以下任何一种方法消解，称量时应保证样品的均匀性：

（1）压力消解罐消解法 称取干试样0.5～2.0g（精确至0.001g）、鲜（湿）试样2.0～3.0g（精确至0.001g）于聚四氟乙烯内罐，加硝酸5mL浸泡过夜。再加过氧化氢溶液（300g/L）2mL（注：总量不能超过罐容积的1/3）。盖好内盖，旋紧不锈钢外套，放入恒温干燥箱，120～160℃保持4～6h，在箱内自然冷却至室温，放置于通风橱中，打开后加热赶酸至近干，将消化液洗入25mL容量瓶中，用少量硝酸溶液（1%，体积分数）洗涤内罐和内盖3次，洗液合并于容量瓶中并用硝酸溶液（1%，体积分数）定容至刻度，混匀备用；同时做试剂空白实验。

（2）微波消解法　称取干试样 0.5~2.0g（精确至 0.001g）、鲜（湿）试样 2.0~3.0g（精确至 0.001g）置于微波消解罐中，加 5mL 硝酸和 2mL 过氧化氢。微波消化程序可以根据仪器型号调至最佳条件。消解完毕，待消解罐冷却后，放置于通风橱中，打开，消化液呈无色或淡黄色，加热赶酸至近干，用少量硝酸溶液（1%，体积系数）冲洗消解罐 3 次，将溶液转移至 25mL 容量瓶中，并用硝酸溶液（1%，体积系数）定容至刻度，混匀备用；同时做试剂空白实验。

（3）湿式消解法　称取干试样 0.5~2.0g（精确至 0.001g）、鲜（湿）试样 2.0~3.0g（精确至 0.001g）于锥形瓶中，放数粒玻璃珠，加 10mL 硝酸-高氯酸混合溶液（9：1，体积比），加盖浸泡过夜，放置于通风橱中，加一小漏斗在电热板上消化。若变棕黑色，再加硝酸，直至冒白烟，消化液呈无色透明或略带微黄色，放冷后将消化液洗入 25mL 容量瓶中，用少量硝酸溶液（1%，体积系数）洗涤锥形瓶 3 次，洗液合并于容量瓶中并用硝酸溶液（1%，体积系数）定容至刻度，混匀备用；同时做试剂空白实验。

（4）干法灰化　称取 0.5~2.0g（精确至 0.001g）、鲜（湿）试样 2.0~3.0g（精确至 0.001g）于瓷坩埚中，先小火在可调式电炉上炭化至无烟，移入马弗炉 500℃ 灰化 6~8h，冷却。若个别试样灰化不彻底，加 1mL 混合酸在可调式电炉上小火加热，将混合酸蒸干后，再转入马弗炉中 500℃ 继续灰化 1~2h，直至试样消化完全，呈灰白色或浅灰色。放冷，用硝酸溶液（1%，体积系数）将灰分溶解，将试样消化液移入 25mL 容量瓶中，用少量硝酸溶液（1%，体积系数）洗涤瓷坩埚 3 次，洗液合并于容量瓶中并用硝酸溶液（1%，体积分数）定容至刻度，混匀备用；同时做试剂空白实验。

3. 仪器条件

使用调谐液调仪器各项目指标，使仪器灵敏度、氧化物、双电荷分辨率等各项指标达到测定要求，仪器参考条件如下：功率：1280W；等离子气流量：15L/min；载气流量：0.85L/min；辅助气流量：0.40L/min；氦气流量：4.5mL/min；雾化室温度：2℃。

4. 测定

当仪器真空度达到要求时，用调谐液调整仪器各项指标，仪器灵敏度、氧化物、双电荷、分辨率等各项指标达到测定要求后，编辑测定方法，干扰方程及选择各测定元素，引入在线内标溶液，观测内标灵敏度，调 P/A 指标，符合要求后，将试剂空白、标准系列、样品溶液分别注入电感耦合等离子体质谱仪中，测定待测元素和内标元素的信号响应值，以待测元素的浓度为横坐标，待测元素与所选内标元素响应信号值的比值为纵坐标，电脑数据处理软件绘制标准曲线，从标准曲线或回归方程中查得样品管中各元素的质量浓度。各元素的分析质荷比及内标物的选定见表 4-4。

表 4-4　推荐的分析质荷比和内标物

元素	砷	镉	铬	铅	汞
质荷比	75	111	52	208	202
内标元素	Ge	In	Sc	Bi	Bi

四、实验数据与处理

样品中各元素含量按式（4-1）进行计算：

$$X = \frac{(\rho - \rho_0) \times V}{m \times 1000} \tag{4-1}$$

式中　X——样品中待测元素含量，mg/kg；

ρ——试样消化液中待测元素的浓度，μg/L；

ρ_0——空白液中待测元素的浓度，μg/L；

V——试样消化液定容总体积，mL；

m——试样质量，g；

1000——换算系数。

五、注意事项

（1）配制汞标准液的浓度要低，因为易污染，且需要单独配制。

（2）注意水样的保存条件。如果水样的目标元素太低，可进行富集后再测量。

思考题

1. 分析 ICP-MS 样品制备过程中需要注意事项。
2. 简述 ICP-MS 测定多元素的优缺点。

实验三 电感耦合等离子体质谱法测定生活饮用水中的金属元素

目的与要求

1. 学习电感耦合等离子体质谱仪的基本原理和仪器基本结构。
2. 学习电感耦合等离子体质谱仪的软件操作和注意事项。
3. 掌握电感耦合等离子体质谱法测定水样中的金属元素。

一、基本原理

试样由电感耦合等离子体质谱仪测定，经雾化由载气送入等离子体炬管中，在高温和惰性氩气中蒸发、解离、原子化及离子化后进入质谱仪，质谱仪以元素特定质量数（质荷比，m/z）定性，采用外标法，以待测元素质谱信号与内标元素质谱信号的强度比与待测元素的浓度成正比进行定量分析。

二、仪器与试剂

1. 仪器

电感耦合等离子体质谱（ICP-MS）仪；高纯氩气、烧杯、容量瓶等；所有的玻璃器皿均需以硝酸溶液（1∶4，体积比）浸泡24h，用水反复冲洗，最后用去离子水冲洗干净，晾干备用。

2. 试剂

（1）硝酸（优级纯）；氩气（≥99.995%）或液氩；氦气（≥99.995%）；金元素（Au）溶液（1000mg/L）。

（2）硝酸溶液（5∶95，体积比） 取50mL硝酸，缓慢加入950mL水中，混匀。

（3）汞标准稳定剂 取2mL金元素（Au）溶液，用硝酸溶液（5∶95，体积比）稀释至1000mL，用于汞标准溶液的配制。

3. 标准品

（1）元素储备液（1000mg/L） 铅、镉、砷、铬、汞、硒、锌、铜、铁、锰、铝、钾、钠、钙、镁、锶、钛、钒、钴、锡、锑、钡、铍、硼、钼、镍、银、铊，采用国家认证并授予标准物质证书的单元素或多元素标准储备液。

（2）内标元素储备液（1000mg/L） 钪、锗、铟、铑、铼、铋等采用经国家认证并授予标准物质证书的单元素或多元素标准储备液。

（3）质谱调谐液　采用锂、钪、锗、钇、铟、铋为质谱调谐液，混合溶液浓度为1μg/L。

4. 标准溶液配制

（1）标准溶液　精确吸取适量单元素或多元素混合标准储备液，用硝酸溶液（5：95，体积比）逐级稀释配成混合标准溶液系列，各元素质量浓度见表4-5。

表4-5　ICP-MS方法中元素的标准溶液系列质量浓度

序号	元素	单位	标准系列质量浓度					
			系列1	系列2	系列3	系列4	系列5	系列6
1	铝	μg/L	0	5	10	50	100	200
2	锰	μg/L	0	5	10	50	100	200
3	铜	μg/L	0	5	10	50	100	200
4	锌	μg/L	0	5	10	50	100	200
5	钡	μg/L	0	5	10	50	100	200
6	钴	μg/L	0	5	10	50	100	200
7	硼	μg/L	0	5	10	50	100	200
8	铁	μg/L	0	5	10	50	100	200
9	钛	μg/L	0	5	10	50	100	200
10	银	μg/L	0	1	5	10	30	50
11	砷	μg/L	0	1	5	10	30	50
12	铍	μg/L	0	1	5	10	30	50
13	铬	μg/L	0	1	5	10	30	50
14	镉	μg/L	0	1	5	10	30	50
15	钼	μg/L	0	1	5	10	30	50
16	镍	μg/L	0	1	5	10	30	50
17	铅	μg/L	0	1	5	10	30	50
18	硒	μg/L	0	1	5	10	30	50
19	锑	μg/L	0	1	5	10	30	50
20	锡	μg/L	0	1	5	10	30	50
21	铊	μg/L	0	1	5	10	30	50
22	钒	μg/L	0	1	5	10	30	50
23	锶	μg/L	0	50	100	200	300	500
24	钠	mg/L	0	0. 5	2	5	10	20

续表

序号	元素	单位	标准系列质量浓度					
			系列 1	系列 2	系列 3	系列 4	系列 5	系列 6
25	镁	mg/L	0	0.5	2	5	10	20
26	钾	mg/L	0	0.5	2	5	10	20
27	钙	mg/L	0	0.5	2	5	10	20

（2）汞标准工作溶液　取适量汞储备液，用汞标准稳定剂逐级稀释配成标准工作溶液系列，浓度范围见表 4-6。

表 4-6　　ICP-MS 方法中元素的汞标准溶液系列质量浓度

元素	单位	标准系列质量浓度					
		系列 1	系列 2	系列 3	系列 4	系列 5	系列 6
汞	ng/L	0	5	10	20	50	100

（3）内标使用液　取适量锂、钪、锗、钇、铟、铋内标单元素储备液或内标多元素标准储备液用硝酸溶液（5∶95，体积比）稀释，配制成浓度为 1mg/L 的混合内标使用液。

三、实验内容与步骤

1. 试样制备

取适量样品进行酸化，然后直接进样；若样品浓度过低，可采用富集处理法。取 50mL 水样于 120mL 烧杯中，加 1mL 硝酸，电热板浓缩至近干，加 1%（体积分数）硝酸溶液 10mL，摇匀，待测。

2. 仪器条件

使用调谐液调仪器各项指标，使仪器灵敏度、氧化物、双电荷分辨率等各项指标达到测定要求，仪器参考条件如下：功率：1280W；等离子气流量：15L/min；载气流量：0.85L/min；辅助气流量：0.40L/min；氦气流量：4.5mL/min；雾化室温度：2℃。

3. 测定

当仪器真空度达到要求时，用调谐液调整仪器各项指标，仪器灵敏度、氧化物、双电荷、分辨率等各项指标达到测定要求后，编辑测定方法，干扰方程及选择各测定元素，引入在线内标溶液，观测内标灵敏度，调 P/A 指标，符合要求后，将试剂空白、标准系列、样品溶液分别注入电感耦合等离子体质谱仪中，测定待测元素和内标元素的信号响应值，以待测元素的浓度为横坐标，待测元素与所选内标元素信号响应值的比值为纵坐标，电脑数据处理软件绘制标准曲线，从标准曲线或回归方程中查得样品管中各元素的质量浓度。各元素的分析质荷比及内标物的选定见表 4-7。

表 4-7　　推荐的分析质荷比和内标物

元素	分析质荷比	内标物	元素	分析质荷比	内标物
铝	27	Sc	钼	98	In
锰	55	Sc	镍	60	Sc
铜	65	Sc	铅	208	Bi
锌	68	Ge	硒	77	Ge
钡	135	In	锑	121	In
钴	59	Sc	锡	120	In
硼	11	Sc	铊	203	Bi
铁	56	Sc	钒	51	Sc
钛	48	Sc	钠	23	Sc
银	107	In	镁	24	Sc
砷	75	Ge	钾	39	Sc
铍	9	Li	钙	40	Sc
铬	52	Sc	锶	88	Y
镉	111	In	汞	202	Bi

四、实验数据与处理

根据标准曲线得到试样中待测元素的浓度，取 3 次测试结果的平均值，扣除空白值后的元素测定值即为水样中所测元素的最终浓度。

五、注意事项

（1）对于成分较为简单的试样，尽可能选取较低的酸度，可减少酸对设备的腐蚀。

（2）还原剂的浓度既不能太高，也不能太低，太高会导致炉口火焰过大，稀释原子化取得分析元素原子的浓度，使灵敏度下降，还原剂浓度过低会导致氢化反应不完成，从而降低测定的灵敏度。

1. 氩气在本实验中有哪几个功能？
2. 谈谈 ICP-MS 的特点。

第五章

红外光谱法

实验一　苯甲酸红外光谱的测定及解析

目的与要求

1. 掌握傅里叶变换红外光谱仪的原理和使用方法。
2. 掌握制备红外光谱测试样品的压片方法。
3. 学会分析简单的红外光谱数据。

一、基本原理

红外光谱测量的是物质对红外光的吸收特性，常用的波段为中红外光（波数为4000~400cm^{-1}），其能量对应于分子振动能级和转动能级的跃迁。化学键的伸缩和弯曲振动改变其偶极矩大小时，即可在其红外光谱中产生吸收峰。不同分子中相同的官能团和化学键具有波长和强度相似的红外吸收。因此，研究分子的红外吸收光谱，观察其吸收峰的位置和强度，必要时再结合其他分析手段，可对分子的结构和官能团做出准确鉴定。

傅里叶变换红外光谱仪是最常见的红外光谱仪，这种光谱仪利用干涉仪获得干涉图，再通过傅里叶变换转化为吸收光谱图。其扫描速度快，测定光谱范围宽，信噪比和分辨率高，在有机化学、药品分析等领域获得了广泛的应用。本实验使用傅里叶变换红外光谱仪测量苯甲酸的红外吸收光谱。

二、仪器与试剂

1. 仪器

傅里叶变换红外光谱仪，压片机，不锈钢模具，干燥器，红外灯，玛瑙研钵。

2. 试剂

溴化钾（光谱纯），苯甲酸（分析纯）。

三、实验内容与步骤

（1）将药匙、不锈钢模具、玛瑙研钵等用无水酒精洗净，用纸巾仔细擦干，放在红外灯下烘烤至完全干燥。某些型号红外光谱仪使用打孔纸片作为压片模具，则将纸片直接烘干即可。

（2）将溴化钾从干燥器中取出，加入适量到玛瑙研钵中，仔细研磨，使其成为极细的白色粉末（完全看不到晶体的反光），在红外灯下烘烤数分钟，确保其彻底干燥。

（3）将少量研细并烘干的溴化钾粉末加入模具中，在压片机上使用10~15MPa的压强压1~2min后取出。所得的溴化钾薄片应透明无裂痕，无发白现象。

（4）将溴化钾薄片安置在样品架上，装入傅里叶变换红外光谱仪的样品仓中，测量其在4000~400cm^{-1}波数范围的透过率。

（5）取少量苯甲酸样品，与100倍质量的溴化钾粉末混合，按前述方法研磨烘干压片后同样进行红外光谱测试，得到苯甲酸的红外光谱图。

四、实验数据与处理

将苯甲酸的红外吸收谱图导出，在表5-1中记录其主要吸收峰的位置并做分析。

表5-1　苯甲酸的红外吸收峰及其归属

吸收峰位置/cm^{-1}	对应基团和震动模式

五、注意事项

（1）红外光谱仪的部分元件为盐类晶体制作，遇水即会损坏，因此实验室内必须通过抽湿机或空调控制湿度。

（2）水在波数为3450cm^{-1}和1670cm^{-1}左右有较为强烈的红外吸收，整个测试过程应严格避免引入水分，如待测样品含水，应尽量除去，不耐热的样品可以通过晾干、真空干燥或冻干除去水分。

（3）空气中的二氧化碳在2300cm^{-1}左右有红外吸收，应通过仪器设置扣除。

1. 傅里叶变换红外光谱仪为什么要特别注意不能在湿度大的环境使用？
2. 为什么选用溴化钾作为压片的基体？
3. 为什么溴化钾需要充分干燥才能使用？
4. 为什么溴化钾需要研磨为极细的颗粒？

实验二 红外光谱法测定薯片中的反式脂肪酸

目的与要求

1. 掌握红外光谱法定量分析的基本原理。
2. 掌握反式脂肪酸的测定方法。

一、基本原理

双键为反式结构的不饱和脂肪酸称为反式脂肪酸。天然脂肪含反式脂肪酸较少，而部分氢化植物油含有大量的反式脂肪酸。由于具有良好的口感和稳定性，部分氢化植物油广泛适用于食品工业中，用于制作饼干、蛋糕、薯片、冰淇淋等食品。摄入过多反式脂肪酸易引发心血管疾病，世界卫生组织（WHO）建议每天来自反式脂肪的热量不超过食物总热量的1%。

反式脂肪酸的红外光谱在966cm^{-1}处有一个特征吸收峰，利用该吸收峰可以对反式脂肪酸进行定量测量。

二、仪器与试剂

1. 仪器

傅里叶变换红外光谱仪，液体吸收池，分析天平，旋转蒸发仪。

2. 试剂

石油醚（沸程30~60℃），三油酸甘油酯标准品（纯度≥99%），三反油酸甘油酯标准品（纯度≥98%）。

3. 样品

3种以上不同品牌的薯片样品。

三、实验内容与步骤

1. 标准曲线绘制

分别精确称取0.00、0.03、0.06、0.09、0.12、0.15g三反油酸甘油酯标准品，加入0.30、0.27、0.24、0.21、0.18、0.15g的三油酸甘油酯标准品，配制反式脂肪酸含量从0%到50%的油脂样品。在60℃水浴保温熔融后，注入液体吸收池，测量其1050~900cm^{-1}波数范围的吸收值。以油脂中反式脂肪酸含量（%）为横坐标，以966cm^{-1}波数处的红外吸收值为纵坐标，绘制标准曲线。

2. 薯片试样处理和测量

称取5g破碎后的薯片样品，用50mL石油醚浸泡并搅拌，提取液经滤纸过滤于烧瓶中，提取液于30℃水浴旋转蒸发至干，得到脂肪，称重。在60℃水浴保温熔融后，注入液体吸收池，测量其1050~900cm^{-1}波长范围的吸收值。

四、实验数据与处理

将实验数据填入表5-2和表5-3，做出标准曲线，并计算薯片油脂中反式脂肪酸的含量。

表5-2　不同比例反式脂肪酸样品的红外吸收值

三反油酸甘油酯标准品质量/g	三油酸甘油酯标准品质量/g	三反油酸甘油酯在混合物中的比例/%	966cm^{-1}处的红外吸收值

表5-3　不同种类薯片所提取脂肪的红外吸收值

薯片品名	966cm^{-1}处的红外吸收值	油脂中反式脂肪酸含量/%

五、注意事项

测定时要严格控制室内环境条件，温度应在15~30℃、相对湿度应在65%以下。

1. 简述红外光谱法定量测定反式脂肪酸的原理。
2. 计算各种薯片每食用一包摄入了多少反式脂肪酸？
3. 该方法准确性如何验证？

第六章

电化学分析法

实验一　pH 计法测定乙酸解离常数

目的与要求

1. 掌握 pH 计测定酸度的原理。
2. 掌握 pH 计的校准方法和使用方法。
3. 掌握乙酸解离常数测定的原理和方法。

一、基本原理

乙酸的解离化学反应式为：$HAc \rightleftharpoons H^{+} + Ac^{-}$浓度为 c 的一元弱酸——乙酸（HAc）的解离常数可用式（6-1）进行描述：

$$K_a = \frac{C_{H^+} \times C_{Ac}}{C_{HAc}} = \frac{C_{H^+}^2}{C - C_{H^+}} \tag{6-1}$$

因此，可通过精确测量已知浓度一元弱酸溶液的氢离子浓度（即 pH），计算其解离常数。pH 计是常见的 pH 测量设备，广泛应用于工业、农业、环保、科研等领域。pH 计由一个内阻较大的电压计和玻璃电极、参比电极三部分组成，其核心部分是玻璃电极。玻璃电极具有一个很薄的玻璃球泡，球泡内部装有内参比电极和 pH 固定的内参比溶液，当玻璃电极浸泡在溶液中时，氢离子通过交换和扩散作用在球泡内外建立电位差，达到平衡后即形成了稳定的膜电位。玻璃电极的电极电势是内参比电极的电位和膜电位的和，与氢离子浓度的关系符合能斯特方程。通过测量玻璃电极和参比电极的电势差，即可换算出溶液的 pH。常见的 pH 计为了方便测量，往往将玻璃电极和参比电极制作在一起，称为复合电极。

本实验使用 pH 计测量不同浓度乙酸溶液的 pH，从而计算乙酸的解离常数。

二、仪器与试剂

1. 仪器

pH 计，50mL 容量瓶三个，5、10、25mL 移液管各一支，100mL 烧杯、洗瓶、玻棒等。

2. 试剂

邻苯二甲酸氢钾标准缓冲液、混合磷酸盐标准缓冲液、硼砂标准缓冲液、0.1mol/L 乙酸溶液（已标定）、去离子水等。

三、实验内容与步骤

1. pH 计的准备

从包装盒中取出 pH 计并按照说明书进行安装。取下复合电极保护套正置在桌面上（注意不要倾倒或丢弃其中的饱和氯化钾保护液），用少量蒸馏水冲洗球泡，并用滤纸轻轻吸去球泡和保护壳之间的水珠备用。

注：玻璃球泡非常脆弱，被硬物刮擦或表面被油脂等污染均可导致失效，使用中务必注意认真保护。

2. pH 计的校准和使用

不同 pH 计的校正原理基本都是先校正定位再校正斜率，但不同 pH 计的操作方法可能有所不同。以常见的 PHS-3C 型 pH 计为例进行介绍。

首先，按动“pH \ mV”转换键将 pH 计切换为 pH 模式，按“温度”键，使仪器进入溶液温度调节状态（此时温度单位以℃表示），按“△”键或“▽”键调节温度显示值，使温度显示值和溶液温度一致，然后按“确认”键，仪器确认溶液温度值后回到 pH 测量状态。如仪器配有温度电极，则无须进行温度校正，测量时直接将温度电极和复合电极同时插入被测溶液即可。

按“标定”键，此时显示“标定 1”“4. 00”“mV”，把用蒸馏水或去离子水清洗过的电极插入 pH 4. 00 的标准缓冲溶液中，仪器显示实测的 mV 值，待 mV 读数稳定后按“确认”键，仪器显示“标定 2”“9. 18”“mV”，把用蒸馏水或去离子水清洗过的电极插入 pH 9. 18 的标准缓冲溶液中，仪器显示实测的 mV 值，待 mV 读数稳定后按“确认”键，标定结束，仪器显示“测量”进入测量状态。

注：仪器在标定状态下，可通过按“△”键选择三种标准缓冲溶液中的任意二种（pH 4. 00、pH 6. 86、pH 9. 18）作为标定液（选定的标准缓冲溶液会在温度显示位置显示出来）标定方法同上，第一种溶液标定好后仍须按“△”键选定第二种标准缓冲溶液。选择标准缓冲溶液时以接近被测溶液 pH 为宜。

用蒸馏水清洗电极头部，再用被测溶液清洗一次。把电极浸入被测溶液中，用玻璃棒稍微搅拌溶液，使其均匀，在显示屏上即可读出溶液的 pH。每次测定不同的溶液，都应该用蒸馏水清洗电极头部，再用被测溶液清洗一次。使用完毕后将复合电极取出，用蒸馏水清洗干净，套上电极保护套并妥善保存。

3. 乙酸解离常数的测定

吸取 0. 1mol/L 乙酸溶液 5、10、25mL，分别加入三个 50mL 容量瓶中并用去离子水定容，获得三种不同浓度的乙酸溶液。将它们和未稀释的乙酸溶液分别倾倒到小烧杯中，测量各自的 pH 并记录下来。

四、实验数据与处理

将实验数据填入表 6-1，计算不同浓度乙酸溶液的解离常数。

表 6-1　　不同浓度乙酸溶液的解离常数

V_{HAc}/mL	c_{HAc}/（mol/L）	pH	c_{H^+}/（mol/L）	K_a
5.00				
10.00				
25.00				
原溶液				

五、注意事项

（1）一般情况下，pH 计在连续使用时，每天只需校准一次。

（2）测量时，电极的引出线须保持静止，否则会引起测量结果不稳定。

1. pH 计测定测定酸度的原理是什么？
2. pH 计如何校准？使用中有哪些注意事项？
3. 哪些因素可能影响 pH 测量的准确度？
4. 查阅文献中的乙酸解离常数，与实验测得的结果是否一致？如果不一致，可能是什么原因导致的？
5. 乙酸解离常数是否和乙酸的浓度有关？为什么？
6. 二元或多元弱酸的各级解离常数又应当如何测定？

实验二　电位滴定法测定饮料中的总酸

目的与要求

1. 掌握电位滴定法的基本原理。
2. 掌握使用 pH 计进行电位滴定的操作方法。
3. 测量饮料中的总酸。

一、基本原理

滴定过程中，溶液中的离子浓度不断发生变化，如能选用合适的指示电极，则可通过测量电位突变，指示待测离子浓度对数的突变，从而代替加入指示剂，该方法称为电位滴定法。以酸碱滴定为例，可使用 pH 计进行电位滴定，通过测量玻璃电极电位的突变，指示氢离子浓度的突变。较之指示剂法，其终点判断更为精确，且易实现自动滴定。

饮料中常加入各种酸以获得清爽宜人的口感，常用的酸有乙酸、柠檬酸、乳酸、磷酸等，总酸含量是饮料重要的理化指标之一。但饮料常含有色素或混浊不透明，难以使用指示剂法进行滴定。本实验参考国家标准《食品安全国家标准　食品中总酸的测定》（GB 12456—2021），使用电位滴定法测定饮料中的总酸含量。

二、仪器与试剂

1. 仪器

pH 计，磁力搅拌器，碱式滴定管，移液管。

2. 试剂

0. 1mol/L 氢氧化钠标准溶液、邻苯二甲酸氢钾（分析纯）、混合磷酸盐标准缓冲液、硼砂标准缓冲液、去离子水等。

3. 样品

饮料可自行挑选。

三、实验内容与步骤

1. 试样制备

用移液管吸取 25. 00mL 饮料转移至 250mL 容量瓶中，用无二氧化碳的蒸馏水定容配制饮料试液，备用。含有二氧化碳的饮料，测定前应在减压下摇动 3~4min 脱去二氧化碳。

2. pH 计的校准

使用混合磷酸盐标准缓冲液和硼砂标准缓冲液校准 pH 计（参见本章实验一）。

3. 氢氧化钠的标定

精确称取邻苯二甲酸氢钾 0.4~0.6g 加入烧杯中，加入 100.00mL 无二氧化碳的蒸馏水溶解。将烧杯放在磁力搅拌器上，插入 pH 计复合电极。开动磁力搅拌器以 500r/min 左右的速度进行搅拌，同时操作滴定管滴入氢氧化钠标准溶液进行滴定，当 pH 为 8.2 时停止滴定，记录消耗氢氧化钠标准溶液的体积。重复标定三次，计算氢氧化钠标准溶液的准确浓度。

4. 饮料总酸的测定

吸取 25.00mL（或 50.00mL、100.00mL）饮料试液加入烧杯中，试液量由预实验确定。加入无二氧化碳的蒸馏水使其总体积达到 100.00mL。将烧杯放在磁力搅拌器上，插入 pH 计复合电极。开动磁力搅拌器以 500r/min 左右的速度进行搅拌，同时操作滴定管滴入氢氧化钠标准溶液进行滴定，当 pH 为 8.2 时停止滴定。重复测定三次，记录消耗氢氧化钠标准溶液的体积。

空白实验：吸取 100.00mL 无二氧化碳的蒸馏水代替试液做空白实验，重复测定三次，记录消耗氢氧化钠标准溶液的体积。

注：①标定和测定过程中，复合电极距离烧杯底部应有一定距离，磁子转动时不能撞击复合电极；②如饮料中的酸为磷酸，则终点 pH 设置为 8.7~8.8。

四、实验数据与处理

饮料中总酸的含量按式（6-2）进行计算：

$$X = \frac{[c \times (V_1 - V_2)] \times k \times F}{m} \tag{6-2}$$

式中 X——试样中总酸的含量，g/kg 或 g/L；

c——氢氧化钠标准滴定溶液的浓度，mol/L；

V_1——滴定试液时消耗氢氧化钠标准滴定溶液的体积，mL；

V_2——空白实验时消耗氢氧化钠标准滴定溶液的体积，mL；

k——酸的换算系数：苹果酸 0.067，乙酸 0.060，酒石酸 0.075，柠檬酸 0.064，乳酸 0.090，盐酸 0.036，硫酸 0.049，磷酸 0.049；

F——试液的稀释倍数；

m——试样的质量，g 或 mL。

五、注意事项

（1）用缓冲溶液标定仪器时，要保证缓冲溶液的可靠性，不能配错缓冲溶液，否则将导致测量不准。

（2）取下电极套后，应避免电极的敏感玻璃泡与其他物体接触，因为任何破损、污染或擦毛都将使电极失效。

1. 电位滴定法较之指示剂法有何优点？

2. 为什么含有二氧化碳的饮料需要提前除去二氧化碳？

3. 为什么磷酸需要设置和其他酸不同的滴定终点？

4. 总酸含量计算公式中的换算系数是如何得到的？

5. 如需在氧化还原滴定、络合滴定、沉淀滴定中使用电位滴定法，如何选择指示电极？

实验三　离子选择性电极测定饮用水中氟离子的含量

目的与要求

1. 掌握离子选择性电极的基本原理。
2. 掌握使用离子选择性电极测定氟离子含量的操作方法。

一、基本原理

氟是人体必需的微量元素之一，主要从饮用水中摄入。适量的氟离子可以促进牙齿和骨骼的钙化，并在牙齿表面形成更耐腐蚀的氟磷灰石保护层。人体缺乏氟时可引发龋齿和骨质疏松，但长期引用含氟过高的饮用水又会导致氟斑牙和氟骨症等疾病。因此，国家标准《生活饮用水卫生标准》（GB 5749—2006）规定，饮用水中氟化物含量不得超过1.0mg/L。

饮用水中的氟离子含量主要使用氟离子选择性电极进行测量。氟离子选择性电极和测量pH使用的玻璃电极类似，采用氟化镧单晶作为敏感膜，氟离子通过扩散作用在敏感膜内外建立电位差，达到平衡后即形成了稳定的膜电位。氟离子选择性电极的电位与氟离子浓度的关系符合能斯特方程，通过测量氟离子选择性电极和参比电极的电势差，即可换算出溶液的氟离子浓度。注意，氟离子选择性电极较易受到其他离子的干扰，因此测量样品时应加入总离子强度调节缓冲液（TISAB），使被测溶液维持恒定的离子强度和酸度。

本实验参考国家标准《生活饮用水标准检验方法　无机非金属指标》（GB/T 5750.5—2006），使用离子选择性电极测定饮用水中的氟离子含量。

二、仪器与试剂

1. 仪器

pH计，氟离子选择性电极，饱和甘汞电极，磁力搅拌器。

2. 试剂

（1）氟化钠、氯化钠、柠檬酸三钠、冰乙酸、氢氧化钠、去离子水等。

（2）1000mg/L氟化钠标准储备溶液　准确称取105℃烘干2h的氟化钠0.2210g，用去离子水溶解定容到100.00mL，置于聚乙烯瓶中保存。

（3）10.0mg/L氟化钠标准使用溶液　使用前吸取10.00mL氟化钠标准储备溶液，去离子水稀释定容到 1000mL，置于聚乙烯瓶中保存。

（4）总离子强度调节缓冲液（TISAB） 称取 59g 氯化钠、3.48g 柠檬酸三钠、57mL 冰乙酸，溶于纯水中，用 300g/L 氢氧化钠溶液调节 pH 为 5.0～5.5 后，用纯水稀释至 1000mL。

三、实验内容与步骤

1. 仪器安装及调试

将氟离子选择性电极和饱和甘汞电极用去离子水冲洗干净后按照说明书连接到 pH 计上，按动“pH \ mV”转换键将 pH 计切换为 mV 模式。

2. 标准曲线法测量氟离子浓度

吸取氟化钠标准使用溶液 0.10、0.20、0.50、1.00、2.00、5.00mL，分别移入 100mL 塑料容量瓶中，各加入 20mL 总离子强度调节缓冲液，用去离子水定容。将所得的六个不同浓度的溶液分别倒入塑料烧杯中，插入氟离子选择性电极和饱和甘汞电极，在搅拌下读取平衡时的电位差值 E。

吸取水样 10.00mL，移入 100mL 塑料容量瓶中，加入 20mL 总离子强度调节缓冲液，用去离子水定容。将所得的溶液倒入塑料烧杯中，插入氟离子选择性电极和饱和甘汞电极，在搅拌下读取平衡时的电位差值 $E_{水样}$。

四、实验数据与处理

将各浓度氟离子溶液中测得的电位差值填入表 6-2，绘制出 $E-\lg c_{F^-}$ 的标准曲线。将 $E_{水样}$ 代入线性方程中，求出水样的氟离子浓度。

表 6-2 水样中氟离子浓度的计算

项目	V_{F^-}/mL					
	0.10	0.20	0.50	1.00	2.00	5.00
c_{F^-}/（mg/L）						
$-\lg c_{F^-}$						
E/mV						

五、注意事项

（1）氟离子浓度较低时，需要等待 5min 以上使其稳定。

（2）标定和测定过程中，氟离子选择性电极和饱和甘汞电极距离烧杯底部应有一定距离，磁力搅拌器转子转动时不能撞击电极。

1. 氟离子选择性电极用于测量氟离子有何优势？
2. 能否使用 pH 模式进行测定？
3. 为什么本实验中要采用塑料容器？
4. 总离子强度调节缓冲液中的各成分分别起什么作用？

实验四　电导分析法测定水质纯度

目的与要求

1. 掌握电导分析法的基本原理。
2. 学会电导分析法测定水纯度的方法。
3. 掌握电导池常数测定的方法。

一、基本原理

水质的电导率与水中总离解成分的总浓度、离子价数、各种离子的相对浓度、迁移度、温度等条件有关，是检验水质纯度的一项重要指标。相同温度下，电导率越小（或电阻率越大），表示水质的纯度越高。纯水的理论电导率为0.055μS/cm，去离子水的电导率为0.1~1μS/cm，普通蒸馏水的电导率为3~5μS/cm，自来水的电导率约为500μS/cm。需要指出的是，由于溶液的电导并不是某一种离子的特性，因而电导分析法选择性不强，无法区分离子的种类。但电导分析法具有极高的灵敏度，准确，快速，可制成相应的水质记录仪表等优点，被广泛应用于水质鉴定中。

电导率的测量原理是将相互平行且距离为固定值 L 的两块极板（或圆柱电极），放入被测溶液中，在极板的两端加上一定的电势，然后利用电导仪测量极板间电导（电阻的倒数）。电导与电导率及电导池常数的关系：

$$G=K\ (L/A)\ =K/Q \tag{6-3}$$

式中　G——25℃时试样的电导，S；

K——电导率，两块相互平行且距离1cm，面积为1cm²的极板在均匀电场情况下的电导，μS/cm；

Q——电导池常数，是电极间距离（L）与其面积（A）之比。

通常电导池常数 L/A 用已知电导率的电解质溶液（如0.01mol/L KCl溶液其电导率在25℃时为1413μS/cm），测得其电导，然后根据上述公式求出 L/A 值。

二、仪器与试剂

1. 仪器

电导仪，铂黑电极，恒温水浴锅，烧杯，滤纸。

2. 试剂

0.01mol/L 氯化钾标准溶液（称取经 105℃ 干燥 2h 的氯化钾 0.7456g，用新煮沸放冷的去离子水溶解并定容至 1000mL）。

3. 样品

自来水，市售桶装纯净水，瓶装矿泉水，实验室去离子水。

三、实验内容与步骤

1. 电导池常数的测定

（1）打开电导仪，预热。将铂黑电极用蒸馏水冲洗 2~3 次并用滤纸吸干。

（2）取 2 份 40mL 0.01mol/L 氯化钾标准溶液于烧杯中，于恒温水浴锅中恒温至（25±0.1）℃。

（3）用其中一份已恒温的氯化钾标准溶液浸泡并冲洗铂黑电极 3~4 次。然后，将铂黑电极插入另外一份已恒温至 25℃ 的氯化钾标准溶液中测定其电导。

2. 水样的测定

将各水样恒温至 25℃，用待测水样润洗烧杯和电极 2~3 次，然后取 40mL 待测水样，将铂黑电极插入水样中，测定其电导率。

四、实验数据与处理

（1）计算电导池常数。

（2）记录各水样的电导率。

若测定时没有控制温度，可通过测量水样温度，按式（6-4）将测量的电导率换算为 25℃ 时的电导率：

$$K_s = \frac{K_t}{1 + a(t - 25)} \tag{6-4}$$

式中 K_s——25℃ 时水样的电导率，μS/cm；

K_t——t℃ 时水样的电导率，μS/cm；

a——水样中各种离子电导率平均温度系数，取值为 0.022；

t——水样的温度，℃。

五、注意事项

（1）仪器操作严格按说明书进行。

（2）溶液的电导率随温度变化而变化，因此，测量时试样应保持恒定温度。

（3）铂电极不用时，需用蒸馏水冲洗净后晾干保存，不能长期浸泡在水中。

思考题

1. 温度对电导率测定有何影响？
2. 为什么新制备的蒸馏水加入电导池后应立即测定？

实验五　自动电位滴定法测定氯离子的含量

目的与要求

1. 掌握电位滴定法的基本原理及确定终点的方法。
2. 掌握电位滴定中数据的处理方法。
3. 熟悉自动电位滴定仪的使用。

一、基本原理

电位滴定法是在标准溶液滴定待测离子过程中，用指示电极的电位变化代替指示剂的颜色变化指示滴定终点的一种分析方法。电位滴定法不受混浊、有色溶液的影响，可以连续滴定和自动滴定，被广泛应用于环境、食品、药品分析等领域。电位滴定法测定氯离子含量时，以 $AgNO_3$ 为滴定剂，反应为：$Ag^+ + Cl^- = AgCl\downarrow$。用 Ag 电极（或 Cl 电极）作指示电极，饱和甘汞电极作参比电极，插入待测溶液中，组成工作电池。随着 $AgNO_3$ 溶液的滴入，溶液中的 Ag^+（和 Cl^-）浓度不断变化，因而指示电极的电位相应的发生变化，在化学计量点附近离子浓度发生“突变”，引起指示电极的电位“突变”。根据测量工作电池电动势的变化就可以确定终点。

工作电池电动势：

$$E_{池} = E_{指示电极} - E_{参比电极} \tag{6-5}$$

若以 Ag 电极作指示电极，电极电位为：

$$\varphi_{Ag^+/Ag} = \varphi^0_{Ag^+/Ag} + 0.059\lg c_{Ag^+} \tag{6-6}$$

若以 Cl^- 电极作指示电极，电极电位为：

$$\varphi_{AgCl/Ag} = \varphi^0_{AgCl/Ag} + 0.059\lg c_{Cl^-} \tag{6-7}$$

二、仪器与试剂

1. 仪器

自动电位滴定仪（ZD-2 型）、216 型银电极、217 型饱和甘汞电极、微量滴定管、烧杯、滤纸等。

2. 试剂

（1）NaCl 标准溶液（0.0141mol/L）　称取于 500～600℃ 下灼烧 40min 并冷却后的 NaCl（基准试剂）0.8240g，溶于蒸馏水中，在容量瓶中稀释至 1000mL。此溶液相当于

500mg/L 氯化物含量。

（2）$AgNO_3$溶液（0.0141mol/L，待标定）　称取 2.3950g 硝酸银溶于蒸馏水中，在容量瓶中定容至 1000mL，溶液于棕色玻璃瓶贮存。

（3）HNO_3溶液（6mol/L）　取浓硝酸 375mL 稀释至 1000mL。

（4）KNO_3固体。

3. 样品

自来水。

三、实验内容与步骤

1. $AgNO_3$溶液的标定（手动滴定）

准确吸取 25.0mL NaCl 标准溶液于 100mL 的烧杯中，加入 25mL 蒸馏水，加入 3 滴 6mol/L HNO_3和 1g KNO_3固体，于搅拌装置上设置合适搅拌速度，将银电极和甘汞电极插入溶液中，记录溶液的初始电动势、$AgNO_3$溶液的初始体积，用 $AgNO_3$溶液进行手动滴定。记录每次滴定对应的 E 值（在终点之前和之后，每加入 0.2mL $AgNO_3$记录一次 E 值；临近终点时，每加入 0.1mL $AgNO_3$记录一次 E 值），绘制 $E-V$ 曲线，确定滴定终点电势和消耗的 $AgNO_3$溶液体积。根据消耗的 $AgNO_3$溶液体积，计算硝酸银标准溶液的准确浓度。同时，用蒸馏水进行空白实验。

2. 自来水中氯化钠含量的测定

（1）手动滴定　用移液管移取自来水样 50.00mL 于 100mL 的烧杯中，加入 3 滴 6mol/L HNO_3和 1g KNO_3固体，安装好滴定管和电极，用 $AgNO_3$溶液手动滴定，记录每次滴定对应的 E 值，依据 $E-V$ 曲线，确定终点电势和消耗的 $AgNO_3$溶液体积。

（2）自动滴定　同上取液，安装好滴定管和电极，以步骤（1）的终点电动势值“预设终点”，预控点设置为 90mV，按下“滴定开始”按钮，在到达终点后，记下所消耗的 $AgNO_3$溶液的准确体积。

注：使用 ZD-2 型自动电位滴定仪进行自动滴定时，第一个样品须自己手动滴定确定终点电动势。

四、实验数据与处理

（1）列表记录 E（mV）、V（mL）数据，以滴定剂体积 V 对 E，$\Delta E/\Delta V$ 和 $\Delta^2 E/\Delta^2 V$ 作图，确定出滴定终点的电动势值。

（2）按式（6-8）计算样品中的 Cl^-浓度（mg/L）：

$$c = \frac{(V_2 - V_1) \times c_{标} \times 35.45 \times 1000}{V} \tag{6-8}$$

式中　c——样品中氯化物的质量浓度，mg/L；

V_1——空白实验所消耗硝酸银标准滴定溶液的体积，mL；

V_2——水样测定所消耗的硝酸银标准滴定溶液的体积，mL；

V——水样体积，mL；

$c_{标}$——硝酸银标准滴定溶液的浓度，mol/L；

35.45——氯离子（Cl^-）摩尔质量，g/mol；

1000——换算系数。

五、注意事项

（1）每次滴定前，须用去离子水清洗电极，用滤纸吸干。

（2）滴定接近终点时，电位平衡比较慢，要注意读取平衡电位值。

（3）滴定过程中搅拌速度应适当，不形成旋涡。

思考题

1. 与直接电位法相比，自动电位滴定法有何特点？

2. 滴定氯离子混合液中 Cl^-、Br^-、I^-时，能否用指示剂法确定三个化学计量点？

实验六　自动电位滴定法测定油脂的过氧化值

目的与要求

1. 掌握电位滴定法的基本原理及确定终点的方法。
2. 掌握电位滴定测定油脂过氧化值的实验方法。
3. 熟悉自动电位滴定仪的使用。

一、基本原理

油脂在高温、光照、长期贮藏条件下容易氧化，产生氢过氧化物，导致食品品质、风味下降，长期使用过氧化值过高的食品对人体有害。

过氧化值（POV）是评价油脂品质的一项重要指标，是指1kg油脂中含有氢过氧化物的毫摩尔数，也可以用样品中过氧化物相当于碘的质量来表示。以油脂、脂肪为原料而制作的食品均可以通过检测其过氧化值来判断其质量和氧化变质程度。POV值常用碘量法测定：过氧化物在酸性条件下可以将碘离子氧化成碘，碘的质量可以用硫代硫酸钠标准溶液滴定，用电位滴定仪确定滴定终点。

$$ROOH+2KI+2H^{+} \rightarrow ROH+I_2+2H_2O+2K^{+}$$

$$I_2+2Na_2S_2O_3 \rightarrow Na_2S_4O_6+2NaI$$

二、仪器与试剂

1. 仪器

自动电位滴定仪（ZD-2型），铂电极，217型饱和甘汞电极、微量滴定管，烧杯，移液管。

2. 材料与试剂

（1）大豆油。

（2）异辛烷-冰乙酸混合液　量取40mL异辛烷，加60mL冰乙酸，混匀。

（3）碘化钾（KI）饱和溶液　称取14g碘化钾，加入10mL新煮沸冷却的水，摇匀后贮于棕色瓶中，存放于避光处备用。要确保溶液中有碘化钾结晶析出。

（4）重铬酸钾（$K_2Cr_2O_7$）　工作基准试剂。

（5）0.1mol/L硫代硫酸钠（$Na_2S_2O_3$）标准溶液　称取26g $Na_2S_2O_3 \cdot 5H_2O$，加0.2g无水碳酸钠，溶于1000mL水中，缓缓煮沸10min，冷却。放置两周后过滤，标定。

（6）0.01mol/L 硫代硫酸钠（$Na_2S_2O_3$）标准溶液　由 0.1mol/L $Na_2S_2O_3$ 标准溶液以新煮沸、冷却的水稀释而成。临用前配制。

三、实验内容与步骤

（1）称取 3g（精确至 0.001g）大豆油于 250mL 烧杯中，加入 30mL 异辛烷-冰乙酸混合液，轻轻振摇使样品完全溶解。

（2）在样品中准确加入 0.5mL 饱和碘化钾溶液，打开磁力搅拌器，在合适的搅拌速度下反应（60±1）s。立即烧杯中加入 100mL 煮沸并冷却的蒸馏水，插入电极和滴定头，设置好滴定参数，在自动电位滴定仪上用 $Na_2S_2O_3$标准溶液进行滴定，记录每次滴定对应的 E 值，绘制 $E-V$ 曲线，确定滴定终点电势和消耗的 $Na_2S_2O_3$标准溶液体积（V）。$Na_2S_2O_3$标准溶液体积加液量一般控制在 0.05～0.2mL/滴。平行测定两次。每完成一个样品的滴定后，须将搅拌器或搅拌转子、滴定头和电极浸入异辛烷中清洗表面的油脂。

（3）取 30mL 异辛烷-冰乙酸混合液按上述操作进行空白实验。记录滴定终点消耗的标准溶液体积 V_0。空白实验所消耗 0.01mol/L 硫代硫酸钠溶液体积 V_0不得超过 0.1mL。

四、实验数据与处理

（1）列表记录 E（mV）、V（mL）数据，以滴定剂体积 V 对 E，$\Delta E/\Delta V$ 和 $\Delta^2 E/\Delta^2 V$ 作图，确定出滴定终点的电动势值。

（2）用过氧化物相当于碘的质量分数表示过氧化值时，按式下列公式计算：

$$X_1 = \frac{(V - V_0) \times c \times 0.1269}{m} \times 100 \quad (6\text{-}9)$$

式中　X_1——过氧化值，g/100g；

V——消耗 $Na_2S_2O_3$标准溶液的体积，mL；

V_0——空白实验消耗的 $Na_2S_2O_3$标准溶液的体积，mL；

c——$Na_2S_2O_3$标准溶液的浓度，mol/L；

0.1269——与 1.00mL 硫代硫酸钠标准溶液［c（$Na_2S_2O_3$）= 1.000mol/L］，相当的碘的质量；

m——试样质量，g；

100——换算系数。

五、注意事项

（1）使用的所有器皿不得含有还原性或氧化性物质。

（2）加水量可根据仪器进行调整，加水量会影响起始电位，但不影响测定结果。被滴定相位于下层，更大量的水有利于相转化，加水量越大，滴定起点和滴定终点间的电位差异越大，滴定曲线上的拐点更明显。

（3）应避免在阳光直射下进行试样测定。

思考题

1. 实验过程中使用的蒸馏水为何要先煮沸？
2. 为什么要做空白实验？哪些因素会影响测定结果？

实验七　循环伏安法研究铁氰化钾的电化学行为

目的与要求

1. 掌握循环伏安法的基本原理。
2. 掌握三电极体系的组成和使用方法。
3. 学习电化学工作站的使用方法。
4. 了解扫描速度和溶液浓度对循环伏安图的影响。

一、基本原理

循环伏安法是在电极上施加三角波形并测量电流的电位扫描方法，可以提供电化学反应的大量热力学信息和动力学信息，在电化学研究中应用极为广泛。

循环伏安法一般使用三电极体系进行测定。三电极系统由参比电极、工作电极、对电极组成。常见的参比电极有饱和甘汞电极、银/氯化银电极等，工作电极有玻碳、金、铂等，对电极一般是惰性材料如铂、石墨等。其中参比电极和工作电极组成第一个回路，参比电极提供恒定的电极电位，电化学工作站以参比电极为基准，在工作电极上施加三角波形的电位，使得电化学反应可以在工作电极上发生。对电极和工作电极形成另一个回路，通过该回路测量工作电极在三角波形电位下产生的电流。由此获得的电位-电流曲线，称为循环伏安图（图 6-1）。

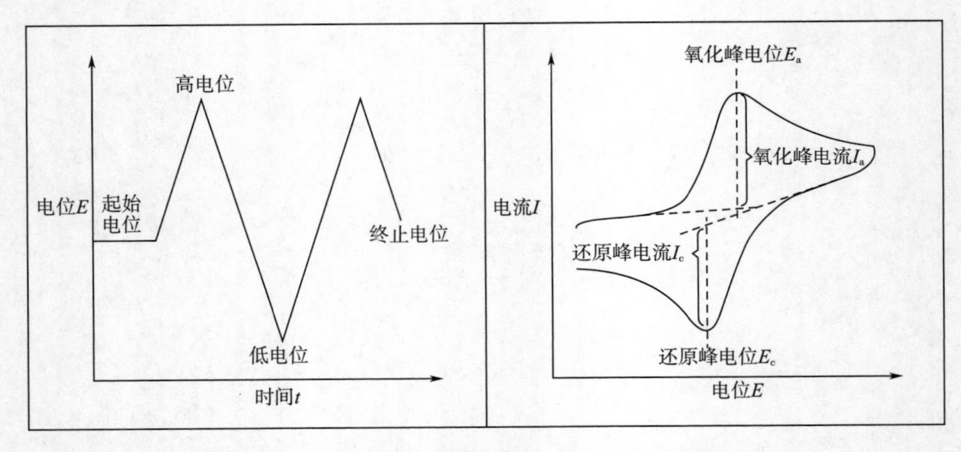

图 6-1　循环伏安法的电位波形（左）和典型图像（右）

电化学测试时需要选择合适的电解液，并在溶液中加入较高浓度的支持电解质，以减小溶液电阻，消除电迁移效应，保持溶液的离子强度恒定。如果设置的电位区间可能发生氧的还原反应而干扰测试，还需要通入氮气以吹除电解液中的溶解氧。

二、仪器与试剂

1. 仪器

电化学工作站，电解池，玻碳电极（工作电极），铂电极（对电极），饱和甘汞电极（参比电极）。

2. 试剂

0.100mol/L 铁氰化钾溶液，1.0mol/L 氯化钠溶液。

三、实验内容与步骤

1. 三电极体系准备

将玻碳电极在抛光垫上用氧化铝抛光粉打磨抛光，使其获得新鲜洁净的表面。将玻碳电极、对电极和参比电极用去离子水冲洗后，分别插入电解池盖上的孔中，按照说明书，将三支电极和电化学工作站用带有鳄鱼夹的导线连接起来，完成三电极体系的组装，如图6-2所示。

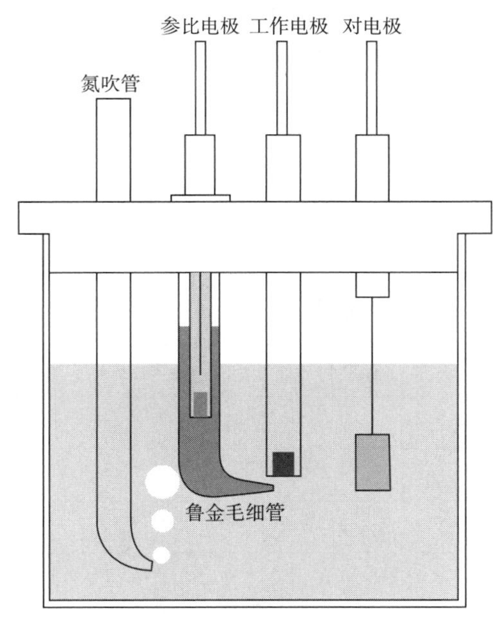

图 6-2　典型的三电极体系

2. 不同浓度铁氰化钾溶液的循环伏安图

精确吸取0.00、0.50、1.00、1.50、2.00、2.50mL 铁氰化钾溶液，分别移至25mL 容量瓶中，用1.0mol/L 氯化钠溶液定容。将配制好的溶液分别加入电解池中，设定起始电位为 0.6V，高电位为 0.6V，低电位为-0.2V，扫速为 0.1V/s 进行循环伏安扫描，保存扫描的实验数据，记录每组数据的还原电位 E_c、还原电流 I_c、氧化电位 E_a、还原电流 I_a，并计算 E_a 和 E_c 的差值 ΔE。

3. 不同扫速下铁氰化钾溶液的循环伏安图

吸取 2.50mL 铁氰化钾溶液，移至 25mL 容量瓶中，用 1.0mol/L 氯化钠溶液定容。将配制好的溶液分别加入电解池中，设定起始电位为 0.6V，高电位为 0.6V，低电位为-0.2V，分别设置扫速 ν 为 0.05、0.1、0.15、0.20、0.25、0.30V/s 进行循环伏安扫描，保存扫描的实验数据。记录每组数据的还原电位 E_c、还原电流 I_c、氧化电位 E_a、还原电流 I_a，并计算 E_a 和 E_c 的差值 ΔE。

四、实验数据与处理

将实验数据填入表 6-3 和表 6-4 中，描述铁氰化钾在玻碳电极上的电化学行为，研究扫描速度和溶液浓度对循环伏安图有何影响，并作图进行进一步分析。

表 6-3　不同铁氰化钾浓度对循环伏安图的影响

$V_{铁氰化钾}$/mL	$c_{铁氰化钾}$/（mol/L）	E_c/V	I_c/μA	E_a/V	I_a/μA	ΔE/mV
0.00						
0.50						
1.00						
1.50						
2.00						
2.50						

表 6-4　不同扫速对铁氰化钾溶液循环伏安图的影响

v/（V/s）	E_c/V	I_c/μA	E_a/V	I_a/μA	ΔE/mV
0.05					
0.10					
0.15					
0.20					
0.25					
0.30					

五、注意事项

（1）拿取工作电极时，务必捏住电极上部而不是电极的黄铜引出线，以免用力时拉扯电极内部的导线导致断路或接触不良。

（2）打磨工作电极前用适量的去离子水打湿抛光粉和抛光垫，打磨时工作电极垂直于抛光垫，呈 8 字形移动。

（3）参比电极内部的氯化钾溶液每次使用前应当进行检查，液面低于装有汞-氯化亚汞的玻璃管则必须补加，否则会发生断路无法起到参比效果。

思考题

1. 查阅资料，了解循环伏安法的氧化峰和还原峰是如何产生的。
2. 三电极体系是哪三支电极？分别起到什么作用？
3. 为什么测量铁氰化钾溶液的循环伏安图需要在氯化钠溶液中进行？
4. 扫描速度和溶液浓度对铁氰化钾的循环伏安图分别有何影响？

实验八　阳极溶出伏安法测定废水中铅和镉的含量

目的与要求

1. 掌握阳极溶出伏安法的基本原理。
2. 掌握阳极溶出伏安法的实验操作方法。
3. 掌握利用标准加入法进行定量的原理。

一、基本原理

阳极溶出伏安法是一种灵敏度较高的电化学分析方法。该方法常使用玻碳汞膜工作电极或银汞膜工作电极进行，在进行伏安分析前，预先在工作电极上施加较负的电位并加以搅拌，使得溶液中的金属离子在电极上发生还原反应，以金属的形态富集到电极表面的汞膜中。富集完成后，对电极进行从低电位到高电位的线性扫描，则汞膜中富集的金属将依照其活动性顺序逐一被氧化而溶出，可用于多种金属离子的同时测定。汞膜中富集的金属浓度可达到溶液本体的数百倍，可以产生较大的溶出电流，极大地提高检测的灵敏度。该方法适用范围广泛，可用于铅、锡、铜、锌、镉、铋等数十种元素的检测。

电极种类、尺寸和位置、富集电位、富集时间、搅拌速度、扫描速度、支持电解质等因素均可影响溶出峰电流的大小。在严格控制上述条件一致时，溶出峰电流和被测金属离子浓度成正比，这是阳极溶出伏安法定量的基础。本实验使用阳极溶出伏安法测定谷物中铅和镉的含量。

二、仪器与试剂

1. 仪器

电化学工作站，电解池，电磁搅拌器，玻碳电极（工作电极），铂电极（对电极），饱和甘汞电极（参比电极）。

2. 试剂

（1）乙酸铵、冰乙酸、氯化汞、盐酸、硝酸、硝酸铅、镉，以上试剂均为分析纯。

（2）铅标准溶液（1000mg/L）　准确称取 1.5985g 硝酸铅，用少量 10%（体积分数）硝酸溶液溶解，移入 1000mL 容量瓶中，以水稀释至刻度，摇匀。

（3）镉标准溶液（1000mg/L）　准确称取 1.0000g 金属镉，加入 20mL 盐酸（1∶1，体积比）溶解完全后，加入 2 滴硝酸，冷却，移入 1000mL 容量瓶中，以水稀释至刻度，摇匀。

（4）乙酸-乙酸铵缓冲溶液（1mol/L）　称取 38.54g 乙酸铵溶于 400mL 水中，加入乙酸调节 pH 至 5.0 后用水定容至 500mL。

（5）氯化汞溶液（0.01mol/L）　称取 13.58g 氯化汞溶于适量水，用水定容至 500mL。

三、实验内容与步骤

1. 三电极体系准备

将玻碳电极在抛光垫上用氧化铝抛光粉打磨抛光，使其获得新鲜洁净的表面。将玻碳电极、对电极和参比电极用去离子水冲洗后，分别插入电解池盖上的孔中，按照说明书，将三支电极和电化学工作站用带有鳄鱼夹的导线连接起来，完成三电极体系的组装。

2. 阳极溶出伏安法测定废水中铅和镉的含量

（1）将废水样品用 0.22μm 滤膜过滤除去不溶物，取水样 10mL，加入 9mL 乙酸-乙酸铵缓冲溶液和 1mL 氯化汞溶液，装入电解池中，通入氮气 5min 除氧。

（2）打开电化学工作站和电磁搅拌器，在-1.2V 电位下富集 120s。停止搅拌，静置 10s 后，用线性扫描伏安法或微分脉冲伏安法进行测试，起始电位为-1.2V，终止电位为-0.3V，扫描速度为 100mV/s。测试完成后，记录 Pb^{2+} 和 Cd^{2+} 的峰电流，然后在 0.5V 电位下电解 120s 进行解脱，以除去电极上的汞膜和残余的金属离子。

（3）水样测试完成后，向其中加入 5μL 铅标准使用液和 5μL 镉标准使用液，严格按照上一步的条件重复进行富集—伏安扫描—解脱步骤并保存结果数据。重复加入步骤 3 次，记录每次加入后的 Pb^{2+} 和 Cd^{2+} 的峰电流 I_1、I_2 和 I_3。

（4）每组样品实验和标准加入实验重复 3 次。

四、实验数据与处理

将数据记录在表 6-5 中，在计算机上绘制标准加入曲线，计算样品中铅和镉的浓度并计算平均值和相对标准偏差。

表 6-5　水样测试和标准加入实验的峰电流值

组别	待测离子	I_0/mA	I_1/mA	I_2/mA	I_3/mA	c/（mg/L）
第一组	Pb^{2+}					
	Cd^{2+}					
第二组	Pb^{2+}					
	Cd^{2+}					
第三组	Pb^{2+}					
	Cd^{2+}					

五、注意事项

本实验中汞、铅、镉均有毒，务必将废液倒入指定容器收集。

1. 阳极溶出伏安法的原理是什么？有何突出优势？

2. 阳极溶出伏安法的富集过程中，是否所有铅离子和镉离子都被富集到了电极上？如何得知？

3. 为什么需要加入乙酸-乙酸铵缓冲液？

4. 查阅文献，调研阳极溶出伏安法还可测定哪些离子？

5. 汞毒性较大，请查阅文献，看有何方法可以代替使用汞膜？

第七章

分子荧光光谱与化学发光分析法

实验一　鲁米诺的化学发光

目的与要求

1. 观察不同条件下（酸度、温度、催化剂）的化学发光现象。
2. 分析比较生物酶和金属离子对化学发光反应的催化效率。

一、基本原理

化学发光是指伴随化学反应过程所产生的光的发射现象。其机制是某些物质（发光剂）在化学反应时吸收了反应过程中所产生的化学能，使反应的产物分子或反应的中间态分子中的电子跃迁到激发状态，当电子从激发态回到基态时，以发射光子的形式释放出能量，即产生化学发光。化学发光分析法可以测定化学发光反应的反应物、化学发光反应中的催化剂、增敏剂或者抑制剂以及偶合反应中的反应物、催化剂或者增敏剂等。化学发光现象已获得广泛的应用，除用作紧急光源、信号光源外，有关的反应已用在灵敏度极高的光化学分析中。

鲁米诺（3-氨基邻苯二甲酰肼）是能够产生化学发光现象的有机化合物之一，在中性溶液中通常以两性离子存在。在碱性溶液中，则变成二价负离子，并可被氧分子氧化成一种能产生化学发光现象的中间体。在氧化剂中，鲁米诺被转换为激发态，激发态衰变为基态并发出荧光。

如溶液中混有适当的荧光染料，在鲁米诺本身发光之前，若鲁米诺中间体可将能量传递给染料，则可调整发光颜色。

加入荧光染料	—	荧光素	二氯荧光素	罗丹明 B	9-氨基吖啶	曙红
呈现颜色	蓝白	黄绿	黄橙	绿	蓝绿	橙红

二、仪器与试剂

1. 仪器

100mL 烧杯，100mL 锥形瓶，10mL 试管。

2. 试剂

鲁米诺，氢氧化钠固体，0.1mol/L 氢氧化钠溶液，二甲基亚砜，10%（体积分数）H_2O_2；浓硫酸，铁氰化钾固体，0.1mol/L 铁氰化钾。

三、实验内容与步骤

1. 观察不同条件下（酸度、温度、催化剂）的化学发光现象

（1）于100mL锥形瓶中加入约10粒氢氧化钠固体、0.1g鲁米诺，再加入8mL二甲基亚砜，剧烈振荡，使溶液充分接触空气，于暗处观察。再向上述体系加入5mL 10%（体积分数）H_2O_2溶液，继续振荡2min，在暗处观察发光强度。

（2）于100mL烧杯中加入60mL水，再加入10粒氢氧化钠固体、5mL 10%（体积分数）H_2O_2溶液、0.1g鲁米诺，将一小片滤纸放在溶液的表面，沿烧杯壁轻轻撒入少量铁氰化钾晶体，观察发光强度，再加入3滴染料溶液，观察颜色的变化。

（3）将以上（1）、（2）溶液体系分别取15mL于20mL试管中，逐滴加入5~10滴浓硫酸，观察酸度对化学化光的影响。

（4）将以上（1）分别取15mL于两支20mL试管中，同时也从（2）溶液体系分别取15mL于两支20mL试管中，两体系溶液各放一支试管于冰（冷）水及热水浴中对比观察，了解温度对化学发光现象的影响。

2. 观察生物酶和铁氰化钾对化学发光反应的催化效率

在100mL锥形瓶中，加入30mL 0.1mol/L NaOH溶液和0.1g鲁米诺，滴加3滴10%（体积分数）H_2O_2后即可观察到微弱的发光。将上述溶液平均分到两支20mL试管中，向其中一支试管加入4滴0.1mol/L铁氰化钾溶液，另一支试管加入过氧化物酶溶液，摇匀观察，比较生物酶和金属离子对化学发光反应的催化效率。

四、实验数据与处理

（1）记录不同条件下（酸度、温度、催化剂）的化学发光现象。

（2）比较生物酶和铁氰化钾对化学发光反应的催化效率。

五、注意事项

（1）使用浓硫酸时，应该小心操作，避免滴到皮肤表面。

（2）观察发光现象应该在暗处观察。

思考题

1. 请分析鲁米诺发光的影响因素。

2. 鲁米诺合成也是在碱性条件下进行，为什么生成的鲁米诺不会发光？

3. 在生物体中，过氧化物可催化产生H_2O_2，试分析用化学发光测定过氧化物酶活性的原理。

实验二　色氨酸、酪氨酸以及苯丙氨酸的荧光光谱分析

目的与要求

1. 熟悉荧光分光光度计的构造、原理和使用方法。
2. 掌握利用荧光分光光度法测定氨基酸类物质的原理和方法。

一、基本原理

氨基酸是组成蛋白质的基本单位，是分子中具有氨基和羧基的一类含有复合官能团的化合物，具有共同的基本结构并且与生物体的生命活动有着密切的关系。蛋白质是结构和功能都极为多种多样的分子，然而所有的蛋白质的基本单位包含 20 多种氨基酸。其中芳香族氨基酸色氨酸（Trp）、酪氨酸（Tyr）、苯丙氨酸（Phe）在激发光的激发下都能产生荧光，故可以通过分子荧光光谱法测定。

二、仪器与试剂

1. 仪器

F97 pro 荧光分光光度计，2cm 石英比色皿，10mL 带玻璃塞比色管。

2. 试剂

2. 0g/L 苯丙氨酸标准溶液，0. 04g/L 酪氨酸标准溶液，0. 04g/L 色氨酸标准溶液，酪氨酸待测液。

三、实验内容与步骤

1. 三种氨基酸的荧光激发光谱和发射光谱的测定

分别准确移取苯丙氨酸标准溶液（2. 0g/L，0. 8mL）、酪氨酸标准溶液（0. 04g/L，1mL）和色氨酸标准溶液（0. 04g/L，0. 4mL）各于 10mL 比色管中，用去离子水稀释至刻度线，摇匀。

用该溶液分别绘制苯丙氨酸、酪氨酸以及色氨酸的激发光谱和发射光谱，并分别找出它们的最大激发波长和最大发射波长。

2. 系列酪氨酸标准溶液的配制

取 5 个 10mL 的比色管，分别加入 0、0. 2、0. 4、0. 5、1. 0mL 酪氨酸标准溶液（0. 04g/L），并用去离子水稀释至刻度，摇匀，待用。

3. 酪氨酸标准曲线的绘制

设置上述实验所得的最大发射波长和最大激发波长，在此条件下测定上述各标准溶液的荧光强度。以溶液荧光强度为纵坐标，以溶液浓度为横坐标绘制标准曲线。

4. 酪氨酸待测液的测定

取酪氨酸待测液 1mL 置于 10mL 比色管中，用蒸馏水稀释至刻度，摇匀，测定待测液的荧光强度。

四、实验数据与处理

（1）分别绘制苯丙氨酸、酪氨酸、色氨酸的激发光谱和发射光谱，确定它们的最大激发波长和最大发射波长。

（2）根据酪氨酸系列标准溶液的荧光强度及浓度，绘制其工作曲线，再根据标准曲线确定待测酪氨酸溶液的浓度。

五、注意事项

样品室要经常清洁，使用荧光分光光度计的时候经常会将样品室弄脏，如果不及时擦拭干净就会影响测试分析，甚至会造成荧光分光光度计损坏。

1. 本实验中定量测定的条件参数是如何选择的，为什么？
2. 影响荧光特性的因素有哪些？请列举说明。
3. 常规的荧光法能够实现混合物中这三种氨基酸的分别测定吗？请说明原因。

实验三　荧光法测定维生素 B_2 的含量

目的与要求

1. 了解荧光分光光度计的构造、原理和使用方法。
2. 掌握利用荧光分光光度法测定维生素 B_2 的原理和方法。

一、基本原理

维生素 B_2 又称核黄素，是人体必需的 13 种维生素之一，它具有促进多种有机物的代谢，促进机体生长发育，增进视力，减轻眼睛疲劳等功能。维生素 B_2 是橙黄色结晶化合物，易溶于水，由于分子中有三个芳香环，具有刚性平面结构，在特定光照射下呈现黄绿色荧光。利用此荧光特性，可以根据其激发波长和发射波长测定维生素 B_2 的含量。荧光法利用维生素 B_2 在 pH 4~9（在 pH 6~7 的溶液中荧光强度最大）、避光的条件下，激发波长为 230~490nm 的范围内产生峰值在 535nm 的黄绿色荧光，且该荧光强度与核黄素浓度成正比的原理进行测定荧光强度。

二、仪器与试剂

1. 仪器

F97 pro 荧光分光光度计，2cm 石英比色皿，50mL 容量瓶，吸量管。

2. 试剂

（1）维生素 B_2 待测液。

（2）10μg/mL 维生素 B_2 标准溶液　准确称取 10. 0mg 维生素 B_2 溶于 1%（体积分数）乙酸溶液中，用 1%（体积分数）乙酸溶液定容于 1000mL 容量瓶中，摇匀，备用，将溶液避光保存。

三、实验内容与步骤

1. 维生素 B_2 的荧光激发光谱和发射光谱

准确移取 10μg/mL 维生素 B_2 标准溶液 1mL 于 50mL 容量瓶中，用 1%（体积分数）乙酸溶液稀释至刻度线，摇匀，避光待用。

用该溶液绘制维生素 B_2 的激发光谱和发射光谱，并找出其最大激发波长和最大发射波长。

2. 系列维生素 B_2 标准溶液的配制

取 5 个 50mL 的容量瓶，分别加入 10μg/mL 维生素 B_2 标准溶液 1. 00、2. 00、3. 00、4. 00、5. 00mL，并用 1%（体积分数）乙酸溶液稀释至刻度，摇匀，避光待用。

3. 维生素 B_2 标准曲线的绘制

设置上述实验所得的最大发射波长和最大激发波长，在此条件下测定上述标准溶液的荧光强度。以溶液荧光强度为纵坐标，以溶液浓度为横坐标绘制标准曲线。

4. 维生素 B_2 待测液的测定

取维生素 B_2 待测液 2mL 置于 50mL 容量瓶中，用 1%（体积分数）乙酸溶液稀释至刻度，摇匀，测定待测液的荧光强度。

四、实验数据与处理

（1）绘制维生素 B_2 的激发光谱和发射光谱，确定其最大激发波长和最大发射波长。

（2）根据维生素 B_2 系列标准溶液的荧光强度及浓度，绘制其工作曲线，再根据标准曲线确定待测维生素 B_2 溶液的浓度，计算出原始待测液中维生素 B_2 的浓度。

五、注意事项

在测试样品时，应注意浓度不宜过高，否则由于存在荧光猝灭效应，造成定量结果不准确。

思考题

1. 请分别解释荧光激发光谱和荧光发射光谱，以及如何绘制这两个谱图。
2. 请谈谈为什么荧光物质的最大发射波长总是大于最大激发波长。
3. 请谈谈荧光光度法定量分析的依据。
4. 请结合维生素 B_2 的结构特点进一步谈谈物质产生荧光应具备什么分子结构。

实验四　荧光分光光度法测定药片中乙酰水杨酸和水杨酸的含量

目的与要求

1. 进一步熟悉荧光分光光度法的基本原理和使用方法。
2. 掌握利用荧光分光光度法测定药片中乙酰水杨酸和水杨酸的含量。

一、基本原理

乙酰水杨酸（又称阿司匹林）是一种耐热、镇痛、抗炎药物，同时具有软化血管、预防心血管疾病、抗血栓形成等功效。阿司匹林药片的主要成分为乙酰水杨酸，而乙酰水杨酸水解能生成水杨酸，所以阿司匹林中会含有少量的杂质水杨酸。乙酰水杨酸和水杨酸都含有苯环，所以都能发射荧光。在 1%（体积分数）乙酸-三氯甲烷（加少量乙酸是为了增强两者的荧光强度）条件下利用荧光法对其进行分析，发现两者具有不同的荧光性质，即激发波长和发射波长均不相同。利用此性质，可以在各自的激发波长和发射波长分别测定乙酰水杨酸和水杨酸混合物中两组分的含量。

为了消除药片之间的差异性，可以取多片药片研磨成粉末，然后取一定量的粉末样品用于分析。

二、仪器与试剂

1. 仪器

F97 pro 荧光分光光度计，2cm 石英比色皿，容量瓶（50mL、100mL），10mL 吸量管，滤纸。

2. 试剂

（1）乙酸，三氯甲烷，阿司匹林药片。

（2）400μg/mL 乙酰水杨酸储备液　准确称取 0. 4000g 乙酰水杨酸溶于 1%（体积分数）乙酸-三氯甲烷溶液中，用 1%乙酸-三氯甲烷溶液定容于 1000mL 容量瓶中，摇匀，备用。

（3）750μg/mL 水杨酸储备液　准确称取 0. 7500g 水杨酸溶于 1%（体积分数）乙酸-三氯甲烷溶液中，用 1%乙酸-三氯甲烷溶液定容于 1000mL 容量瓶中，摇匀，备用。

三、实验内容与步骤

1. 乙酰水杨酸和水杨酸的荧光激发光谱和发射光谱的测定

分别准确移取 400μg/mL 乙酰水杨酸和 750μg/mL 水杨酸储备液 1mL 于两只 100mL 容量瓶中，用 1%（体积分数）乙酸–三氯甲烷溶液稀释至刻度线、摇匀。

用该溶液分别绘制乙酰水杨酸和水杨酸的激发光谱和发射光谱，并分别找出它们的最大激发波长和最大发射波长。

2. 系列标准溶液的配制

取 5 个 50mL 的容量瓶，分别加入 4.00μg/mL 的乙酰水杨酸溶液 2、4、6、8、10mL，并用 1%（体积分数）乙酸–三氯甲烷溶液稀释至刻度，摇匀，待用。

取 5 个 50mL 的容量瓶，分别加入 7.50μg/mL 的水杨酸溶液 2、4、6、8、10mL，并用 1%（体积分数）乙酸–三氯甲烷溶液稀释至刻度，摇匀，待用。

3. 标准曲线的绘制

设置上述实验所得乙酰水杨酸和水杨酸的最大发射波长和最大激发波长，在各自的条件下分别测定上述各标准溶液的荧光强度。以溶液荧光强度为纵坐标，以溶液浓度为横坐标分别绘制标准曲线。

4. 阿司匹林药片中乙酰水杨酸和水杨酸的测定

将 5 片阿司匹林药品称量后研磨成粉末，从中准确称取 0.4000g，用 1%（体积分数）乙酸–三氯甲烷溶液溶解并全部转移至 100mL 容量瓶中，用 1%（体积分数）乙酸–三氯甲烷溶液稀释至刻度，摇匀。然后迅速利用定量滤纸过滤，用该滤液在与标准溶液同样条件下测量水杨酸的荧光强度。

将上述滤液稀释 1000 倍（用三次稀释来完成），与标准溶液同样条件测量乙酰水杨酸的荧光强度。

四、实验数据与处理

（1）分别绘制乙酰水杨酸和水杨酸的激发光谱和发射光谱，确定它们的最大激发波长和最大发射波长。

（2）分别绘制乙酰水杨酸和水杨酸的标准曲线，再根据标准曲线确定试样溶液中乙酰水杨酸和水杨酸的浓度，并计算每片阿司匹林药片中乙酰水杨酸和水杨酸的含量（以 mg/g 表示），将测定值与说明书上的数值进行比较。

五、注意事项

光源是荧光分光光度计的重要组成部分且光源也有一定的使用寿命，所以在使用的过程中最好不要频繁地开关，如果光源被关掉就要注意在光源完全冷却了之后再重新开启，切勿刚刚关掉又立即将光源打开，这样容易让光源的使用寿命受损。

思考题

1. 从乙酰水杨酸和水杨酸的激发光谱和发射光谱，解释为什么这种分析方法可行。

2. 标准曲线是直线吗？若不是，从何处开始弯曲？请解释原因。

第八章

气相色谱法

实验一　QuEChERs-气相色谱-电子捕获检测器测定大米中的乐果残留

目的与要求

1. 理解气相色谱仪的构造和应用。
2. 理解 QuEChERs 方法的原理和样品前处理流程。
3. 掌握外标定量方法。

一、基本原理

QuEChERs [Quick（快速）、Easy（简单）、Cheap（经济）、Effective（有效）、Rugged（耐用）、Safe（安全）] 是近年来国际上最新发展起来的一种用于农产品检测的快速样品前处理技术，由美国农业部 Anastassiades 教授等于 2003 年开发。QuEChERs 方法的原理与高效液相色谱、固相萃取相似，都是利用吸附剂填料与基质中的杂质相互作用，吸附杂质从而达到除杂净化的目的。QuEChERs 方法的步骤可以简单归纳为：①样品粉碎；②单一溶剂乙腈提取分离；③加入 $MgSO_4$ 等盐类除水；④加入乙二胺-*N*-丙基硅烷（PSA）等吸附剂除杂；⑤取上清液进行检测。

本实验大米中的乐果残留经乙腈提取，氯化钠和无水硫酸钠除水，PSA 和十八烷基键合硅胶（C18）分散固相净化，使用气相色谱-电子捕获检测器（GC-ECD）测定，外标法定量。

二、仪器与试剂

1. 仪器

岛津 GC-2014 气相色谱（GC）仪，配置电子捕获检测器（ECD）；旋涡混匀仪，旋转蒸发器，低速离心机，高速离心机。

2. 材料与试剂

（1）样品　从市场购买的大米，粉碎成末，冷冻贮存。

（2）乐果标准品，色谱纯乙腈，色谱纯乙酸乙酯，蒸馏水，分析纯氯化钠，分析纯无水硫酸钠，分析纯无水硫酸镁，乙二胺基-*N*-丙基吸附剂（PSA，100~400 目），C18 吸附剂（100~400 目）。

三、实验内容与步骤

1. 色谱条件

色谱柱：RTX-5 熔融石英毛细管色谱柱，30.0m×0.25mm（内径）×0.25μm（膜厚)；载气：高纯氮气，纯度>99.99%；流速：1.5mL/min；进样口温度：270℃；检测器温度：300℃；进样方式：分流进样，分流比 15∶1；进样量：5μL；色谱柱升温程序：初始温度为 120℃，以 25℃/min 的速率升至 170℃，继续以 20℃/min 的速率升至 280℃，保留 2min。

2. 标准液制备及标准曲线绘制

准确称取 10mg 乐果标准品于 10mL 容量瓶并用色谱纯乙腈定容至刻度线，制得 1000mg/L 乐果标准储备液。吸取 100μL 乐果标准储备液到 10mL 容量瓶中，使用色谱纯乙酸乙酯定容至刻度线，制得 10mg/L 乐果标准工作溶液。分别吸取 2000、1000、500、200、100、50μL 乐果标准工作溶液至 6 个 10mL 容量瓶中，用色谱纯乙酸乙酯定容至刻度线，得到 2、1、0.5、0.2、0.1、0.05mg/L 的乐果标准系列溶液。分别取 5μL 0.05～2mg/L 的乐果标准系列溶液进样，以浓度对峰面积进行回归，得标准曲线和回归方程。

3. 样品液制备

称取 5g 粉碎后的大米于 50mL 塑料离心管中，加入 5mL 蒸馏水和 10mL 色谱纯乙腈，涡旋提取 2min，加入 1g 氯化钠和 3g 无水硫酸钠，剧烈手摇 30s，于 4000r/min 转速下离心 4min。取 1mL 上清液至 2mL 装有 100mg PSA、50mg C18 和 50mg 无水硫酸镁的塑料离心管中，涡旋 30s，10000r/min 离心 1min，取上清液过 0.22μm 有机滤膜，得到试样溶液。

4. 色谱测定

用微量注射器吸取 5μL 试样溶液注入色谱仪，取得色谱图，以保留时间对照定性，确定乐果色谱峰，并记录峰面积。

四、实验数据与处理

（1）以乐果标准系列溶液的浓度为横坐标，色谱峰面积为纵坐标，绘制标准曲线。

（2）根据试样溶液色谱图中乐果峰面积，得出试样溶液中乐果的含量，并计算样品中乐果的含量（以 mg/kg 表示）。

五、注意事项

（1）测定时，需要等仪器基线平稳后才能进样。

（2）乐果为农药，使用时需佩戴手套与口罩。

1. PSA 吸附剂和 C18 吸附剂的作用是什么？它们分别能吸附什么类型的物质？
2. ECD 的工作原理是什么？为什么能用 GC-ECD 检测乐果？

实验二　固相萃取-气相色谱法测定蜂蜜中的溴氰菊酯残留

目的与要求

1. 掌握固相萃取净化技术。
2. 掌握气相色谱的使用和数据处理。
3. 掌握外标法定量方法。

一、基本原理

固相萃取技术基于液-固相色谱理论，采用选择性吸附、选择性洗脱的方式对样品进行富集、分离、净化，是一种包括液相和固相的物理萃取过程。较常用的固相萃取流程是液体样品溶液通过吸附剂，保留其中被测物质，再选用适当强度溶剂冲洗杂质，然后用少量溶剂迅速洗脱被测物质，从而达到快速分离净化与浓缩的目的。

蜂蜜中的溴氰菊酯农药残留经正己烷-丙酮（1：1，体积比）混合溶剂提取，用弗罗里硅土固相萃取柱净化，气相色谱-电子捕获测定器测定，外标法定量。

二、仪器与试剂

1. 仪器

岛津 GC-2014 气相色谱仪，配置电子捕获检测器（ECD）；旋涡混匀仪，旋转蒸发器，低速离心机。

2. 材料与试剂

（1）样品　从市场购买的蜂蜜产品，用力搅拌均匀，备用。

（2）溴氰菊酯标准品，分析纯丙酮，分析纯正己烷，分析纯乙醚，分析纯氯化钠，分析纯无水硫酸钠，蒸馏水，色谱纯正己烷；弗罗里硅土固相萃取柱（6mL，1g），使用前柱内填约 10mm 高无水硫酸钠层，用 5mL 正己烷淋洗活化固相萃取柱。

三、实验内容与步骤

1. 色谱条件

色谱柱：RTX-5 熔融石英毛细管色谱柱，30. 0m×0. 25mm（内径）×0. 25μm（膜厚）；进样口温度：270℃；检测器温度：310℃；载气：高纯氮气，吹扫流量 3. 0mL/min；分流进样，分流比 20：1；延迟时间：3min；色谱柱升温程序：初始温度 150℃，以 30℃/min 升至

290℃，保持 9min。

2. 标准液制备及标准曲线绘制

准确称取 10mg 溴氰菊酯标准品于 10mL 容量瓶并用色谱纯正己烷定容至刻度线，制得 1000mg/L 溴氰菊酯标准储备液。吸取 100μL 溴氰菊酯标准储备液至 10mL 容量瓶中，使用色谱纯正己烷定容至刻度线，制得 10mg/L 溴氰菊酯标准工作溶液。分别吸取 2000、1000、500、200、100、50μL 溴氰菊酯标准工作溶液至 6 个 10mL 容量瓶中，用色谱纯正己烷定容至刻度线，得到 2、1、0.5、0.2、0.1、0.05mg/L 的溴氰菊酯标准系列溶液。分别取 5μL 0.05~2mg/L 的溴氰菊酯标准系列溶液进样，以浓度对峰面积进行回归，得标准曲线和回归方程。

3. 样品液制备

称取 2.0g 混匀后的蜂蜜于 50mL 具塞离心管中，加 10mL 水涡旋混匀 1min，静置 5min。加入 20mL 正己烷-丙酮（1∶1，体积比）混合溶剂，涡旋混匀 1min，以 4000r/min 离心 3min，将上层有机相转移入浓缩瓶中。残渣中再加入 10mL 正己烷-丙酮（1∶1，体积比）混合溶剂，重复提取一次，合并上层有机相，在 45℃以下水浴减压浓缩至干。

浓缩瓶中残留物用 3mL 正己烷溶解，转移到弗罗里硅土固相萃取柱中。用 5mL 正己烷淋洗，弃去流出液，用 10mL 正己烷-乙醚（9∶1，体积比）混合溶剂洗脱。收集洗脱液于鸡心瓶中，在 45℃以下水浴减压浓缩至干，用 1mL 色谱纯正己烷定容，过 0.22μm 有机系滤膜，供气相色谱测定。

4. 色谱测定

用微量注射器吸取 5μL 试样溶液注入色谱仪，取得色谱图，以保留时间对照定性，确定溴氰菊酯色谱峰，并记录峰面积。

四、实验数据与处理

（1）以溴氰菊酯标准系列溶液的浓度为横坐标，色谱峰面积为纵坐标，绘制标准曲线。

（2）根据试样溶液色谱图中溴氰菊酯峰面积，得出试样溶液中溴氰菊酯的含量，并计算样品中溴氰菊酯的含量（以 mg/kg 表示）。

五、注意事项

气相色谱仪关机前，需要柱温箱降至 50℃以下时，才能关机。

1. 弗罗里硅土固相萃取柱中弗罗里硅土填料的成分是什么？
2. ECD 的工作原理是什么？为什么能用 GC-ECD 检测溴氰菊酯？

实验三　磺化法-气相色谱-电子捕获检测器测定可乐中的七氯残留

目的与要求

1. 掌握磺化法净化技术和适用范围。
2. 掌握液-液萃取操作的技术要点。
3. 掌握气相色谱的使用和数据处理。

一、基本原理

磺化法是有机化合物直接与磺化剂作用而引入磺酸基（—SO_3H）的有机合成方法，主要的磺化剂是浓硫酸。样品中弱极性的脂肪、蜡质、色素中含有烷烃/烯烃链/苯环，可与浓硫酸反应，生成极性很大的物质留在水相中，从而与有机相中的目标物分离，达到目标物与杂质分离的目的。

试样中有机氯农药残留经乙酸乙酯提取，旋转蒸发浓缩，磺化净化，使用气相色谱-电子捕获检测器测定，外标法定量。

二、仪器与试剂

1. 仪器

岛津 GC-2014 气相色谱仪，配置电子捕获检测器（ECD）；旋涡混匀仪，旋转蒸发器，高速离心机。

2. 材料与试剂

（1）样品　从市场购买的可乐，于烧杯中放置，并磁力搅拌 60min 排气。

（2）1mol/L 氢氧化钠溶液，pH 试纸（pH 1～14），浓硫酸，分析纯乙酸乙酯，分析纯正己烷，分析纯氯化钠，分析纯无水硫酸钠，色谱纯正己烷，七氯标准品。

三、实验内容与步骤

1. 色谱条件

色谱柱：RTX-5 熔融石英毛细管色谱柱，30.0m×0.25mm（内径）×0.25μm 膜厚；进样口温度：250℃；检测器温度：300℃；载气：高纯氮气，吹扫流量 3.0mL/min；进样量：5μL，分流进样，分流比 20：1；色谱柱升温程序：初始温度 150℃，以 20℃/min 升至 220℃，以 10℃/min 升至 280℃，保持 1min。

2. 标准液制备及标准曲线绘制

准确称取 10mg 七氯标准品于 10mL 容量瓶并用色谱纯正己烷定容至刻度线，制得 1000mg/L 七氯标准储备液。吸取 100μL 七氯标准储备液到 10mL 容量瓶中，使用色谱纯正己烷定容至刻度线，制得 10mg/L 七氯标准工作溶液。分别吸取 2000、1000、500、200、100、50μL 七氯标准工作溶液至 6 个 10mL 容量瓶中，用色谱纯正己烷定容至刻度线，得到 2、1、0.5、0.2、0.1、0.05mg/L 的七氯标准系列溶液。分别取 5μL 0.05~2mg/L 的七氯标准系列溶液进样，以浓度对峰面积进行回归，得标准曲线和回归方程。

3. 样品液制备

量取 25g 排气后的无糖可乐样品于 250mL 分液漏斗中，加入 25mL 水，加入 1mol/L 氢氧化钠溶液调节溶液 pH 至 7 左右，加入 20g 氯化钠和 40mL 乙酸乙酯，剧烈振荡 2min 并不时排气，静置分层后，取上层有机相，过预先填充的无水硫酸钠，收集于 150mL 鸡心瓶中。在分液漏斗中分 2 次加入 80mL 乙酸乙酯，每次 40mL，重复以上提取步骤。提取液过无水硫酸钠漏斗，最后用 20mL 乙酸乙酯淋洗无水硫酸钠，合并提取液在 45℃ 以下水浴减压浓缩至干。

浓缩瓶中残留物用 2mL 正己烷溶解，加入 1mL 浓硫酸，手动轻摇混匀 5min，转移至 15mL 塑料离心管中，5000r/min 离心 5min，取上层有机相过膜，得到试样溶液。

4. 色谱测定

试样溶液注入色谱仪，取得色谱图，以保留时间对照定性，确定七氯色谱峰，并记录峰面积。

四、实验数据与处理

（1）以七氯标准系列溶液的浓度为横坐标，色谱峰面积为纵坐标，绘制标准曲线。

（2）根据试样溶液色谱图中七氯峰面积，得出试样溶液中七氯的含量，并计算样品中七氯的含量（以 mg/kg 表示）。

五、注意事项

（1）进样前，所有样品都需要经 0.22μm 滤膜过滤，防止样品污染仪器。

（2）开机前，需要查看氮气瓶，气瓶压力需要在 2MPa 以上。

思考题

1. 使用磺化法净化对目标化合物有什么要求？
2. 为什么七氯能用 GC-ECD 检测？

实验四　气相色谱法测定花生油中脂肪酸的组成和含量

目的与要求

1. 掌握气相色谱法测定食用油中脂肪酸组成的原理。
2. 掌握脂肪酸测定的样品前处理方法。
3. 掌握气相色谱仪的使用。
4. 学会分析食用油中脂肪酸的组分。

一、基本原理

本实验使用快速甲酯化法（外标法）测定花生油中脂肪酸的组成和含量。植物油脂在碱性条件下皂化和甲酯化，生成脂肪酸甲酯，经气相色谱分离，氢火焰离子化检测器检测，外标法定量测定脂肪酸甲酯含量。依据各种脂肪酸甲酯含量和转换系数计算出总脂肪、饱和脂肪（酸）、单不饱和脂肪（酸）、多不饱和脂肪（酸）含量。

二、仪器与试剂

1. 仪器

岛津 GC-2014C 气相色谱仪［配置氢火焰离子化检测器（FID）］；恒温水浴锅：控温范围 40～100℃，控温±1℃；分析天平：感量 0.1mg；台式磁力加热搅拌器；旋涡混匀仪。

2. 材料与试剂

（1）样品　市售花生油。

（2）37 种脂肪酸甲酯标准品，色谱纯正庚烷，焦性没食子酸，95%乙醇，蒸馏水，分析纯氢氧化钠，分析纯甲醇，15%（体积分数）三氟化硼-甲醇溶液，分析纯正庚烷，分析纯氯化钠，分析纯无水硫酸钠。

（3）20g/L 氢氧化钠-甲醇溶液　取 2g 氢氧化钠溶解于 100mL 甲醇中，混匀。

（4）饱和氯化钠溶液　称取 360g 氯化钠溶解于 1.0L 蒸馏水中，搅拌溶解，澄清备用。

三、实验内容与步骤

1. 色谱条件

毛细管色谱柱：高氰丙基硅氧烷强极性固定相，品牌 Phenomenex，Zebron ZB-FAME，内径0.25mm，长度30m，膜厚0.2μm。进样口温度：250℃，进样量：5μL，分流进样，分流比50：1，载气：N_2，载气流速：1.0mL/min。柱温箱程度（程序升温）：100℃保持2min，然后以10℃/min升至140℃，再以3℃/min升至190℃，接着以30℃/min升至260℃，保持2min。检测器温度260℃。

2. 标准液制备及标准曲线绘制

准确称取25mg 37种脂肪酸甲酯标准品，用少量色谱纯正庚烷溶解并转移至10mL容量瓶中，用色谱纯正庚烷定容至10mL，得到2500mg/L的脂肪酸甲酯标准储备液。分别吸取4000、2000、1000、500、200、100μL脂肪酸甲酯标准储备液至6个10mL容量瓶中，使用色谱纯正庚烷定容至刻度线，制得1000、500、250、125、50、25mg/L的脂肪酸甲酯标准系列溶液。分别取5μL 25~1000mg/L的脂肪酸甲酯标准系列溶液进样，以浓度对峰面积进行回归，得标准曲线和回归方程。

3. 样品液制备

（1）试样称量　量取花生油试样0.2g，移入250mL平底烧瓶中，加入100mg焦性没食子酸、2mL 95%乙醇和4mL水，加入搅拌子。

（2）油脂的皂化和甲酯化　在脂肪提取物中加入20g/L氢氧化钠-甲醇溶液8mL，连接回流冷凝器，(80±1)℃水浴上回流1h。从回流冷凝器上端加入7mL 15%（体积分数）三氟化硼-甲醇溶液，用少量水冲洗回流冷凝器，在（80±1)℃水浴中继续回流2min。停止加热，从水浴上取下烧瓶，迅速冷却至室温。

（3）脂肪酸甲酯的萃取　准确加30mL正庚烷，振摇2min，再加入饱和氯化钠水溶液，静置分层。吸取上层正庚烷提取溶液大约5mL至25mL试管中，加入5mL正庚烷和2勺无水硫酸钠，涡旋1min，静置5min，吸取上层溶液，过0.22μm有机系滤膜，样品收集到2mL离心管中。取100μL样液，加至2mL离心管中，加入900μL色谱纯正庚烷，得到试样溶液。

4. 色谱测定

试样溶液注入色谱仪，取得色谱图，以保留时间对照定性，确定脂肪酸甲酯的色谱峰，并记录峰面积。

四、实验数据与处理

（1）以脂肪酸甲酯标准系列溶液的浓度为横坐标，色谱峰面积为纵坐标，绘制标准曲线。

（2）根据试样溶液色谱图中脂肪酸甲酯峰面积，计算试样溶液中脂肪酸甲酯的含量，并利用外标法计算花生油中每一种脂肪酸的含量［脂肪酸甲酯换算为脂肪酸的系数可查阅《食品安全国家标准　食品中脂肪酸的测定》（GB 5009.168—2016）附录D，以mg/kg表示］。

五、注意事项

（1）操作过程中，需注意氢气钢瓶的安全使用。

（2）回流实验时，回流冷凝器上端不能用瓶塞堵上，应使用干燥管，维持瓶内外气压平衡。

1. 为什么花生油中的脂肪酸要通过甲酯化的方式转化为脂肪酸甲酯进行检测？
2. 食品中脂肪酸含量的测定方法有哪几种？分别适用于什么类型的食品？

| 第九章 |

液相色谱法

实验一　高效液相色谱法测定蛋糕中苯甲酸钠、山梨酸钾和糖精钠的含量

目的与要求

1. 了解高效液相色谱（HPLC）仪的工作原理和使用方法。
2. 掌握 HPLC 法测定食品中甜味剂和防腐剂的测定技术。
3. 掌握食品中油脂和蛋白质的去除原理和过程。

一、基本原理

食品添加剂是为改善食品品质和色、香、味，以及为防腐、保鲜和加工工艺的需要而加入食品中的人工合成或者天然物质。食品用香料、胶基糖果中基础性物质、食品工业用加工助剂也包括在内。食品添加剂包括甜味剂、防腐剂、护色剂、着色剂、漂白剂等几大类。糖精是应用较为广泛的人工合成非营养型甜味剂，难溶于水，因此，在食品生产中常用其钠盐——糖精钠。作为一种甜味剂，糖精钠的甜度是蔗糖的 200~700 倍，糖精钠易溶于水，不溶于乙醚、三氯甲烷等有机溶剂。苯甲酸和山梨酸是防腐剂的代表，在食品工业上常用其钠盐/钾盐形式——苯甲酸钠和山梨酸钾。苯甲酸钠易溶于水和乙醇，难溶于有机溶剂，水溶液呈弱碱性，在酸性条件下转化为苯甲酸。山梨酸钾易溶于水，难溶于有机溶剂，与酸作用生成山梨酸。

本实验样品中的苯甲酸钠、山梨酸钾和糖精钠经水提取，高脂肪样品经正己烷脱脂、高蛋白质样品经蛋白质沉淀剂沉淀蛋白质，采用液相色谱分离、紫外检测器检测，外标法定量。

二、仪器和试剂

1. 仪器

岛津 LC 2030 高效液相色谱仪（配备紫外检测器）；分析天平；涡旋振荡器；低速离心机；匀浆机（研磨器）；恒温水浴锅；超声波发生器。

2. 材料与试剂

（1）样品　从市场购买蛋糕样品，用研磨机充分粉碎并搅拌均匀，装入食品密封袋中，冷冻保存。

（2）苯甲酸钠、山梨酸钾、糖精钠标准品，分析纯氨水，分析纯亚铁氰化钾，蒸馏水，分析纯乙酸锌，分析纯冰乙酸，分析纯乙酸铵，分析纯正己烷，分析纯乙醇。

（3）氨水溶液（1∶99，体积比）　取氨水 1mL，加到 99mL 蒸馏水中，混匀。

（4）亚铁氰化钾溶液（92g/L）　称取 106g 亚铁氰化钾［$K_4Fe(CN)_6 \cdot 3H_2O$］，加

入适量蒸馏水溶解，用蒸馏水定容至 1000mL。

（5）乙酸锌溶液（183g/L） 称取 220g 乙酸锌［$Zn(CH_3COO)_2 \cdot 2H_2O$］溶于少量蒸馏水中，加入 30mL 冰乙酸，用蒸馏水定容至 1000mL。

（6）乙酸铵溶液（20mmol/L） 称取 1.54g 乙酸铵，加入适量蒸馏水溶解，用蒸馏水定容至 1000mL，经 0.22μm 水相微孔滤膜过滤后备用。

三、实验内容与步骤

1. 色谱条件

色谱柱：SHIMADZU Shim-pack GIST C18（250mm×4.6mm，5μm）；柱温：30℃；流动相：20mmol/L 乙酸铵溶液-甲醇（95∶5，体积比），等度洗脱；运行时间：22min；流速：1mL/min；进样量：10μL；检测波长：230nm。

2. 标准液制备及标准曲线绘制

分别准确称取 10mg 苯甲酸钠、山梨酸钾、糖精钠标准品于同一个 10mL 容量瓶并用蒸馏水定容至刻度线，制得 1000mg/L 苯甲酸钠、山梨酸钾、糖精钠混合标准储备液。分别吸取 1000、500、200、100、50、10μL 的混合标准储备液至 6 个 10mL 容量瓶中，用蒸馏水定容至刻度线，得到 100、50、20、10、5、1mg/L 的苯甲酸钠、山梨酸钾、糖精钠的混合标准系列工作液。将苯甲酸钠、山梨酸钾、糖精钠的混合标准系列工作液分别注入高效液相色谱仪中，测定相应的峰面积。以标准工作液的浓度为横坐标，以色谱峰高或峰面积为纵坐标，绘制标准曲线。

3. 样品液制备

准确称取约（2±0.02）g 试样于 50mL 具塞离心管中，加正己烷 10mL，于 60℃水浴加热约 5min，并不时轻摇以溶解脂肪，然后加氨水溶液 25mL，乙醇 1mL，涡旋混匀 1min，于 50℃水浴超声 20min，冷却至室温后，加亚铁氰化钾溶液 2mL 和乙酸锌溶液 2mL，剧烈手摇混匀 30s，于 5000r/min 离心 5min，弃去有机相，水相转移至 50mL 容量瓶中。于残渣中加水 20mL，涡旋混匀 1min 后，水浴超声 5min，于 5000r/min 离心 5min，将水相转移到同一 50mL 容量瓶中，并用水定容至刻度，混匀。取适量上清液过 0.22μm 水系滤膜，得到试样溶液。

4. 色谱测定

试样溶液注入色谱仪，取得色谱图，以保留时间对照定性，确定苯甲酸钠、山梨酸钾、糖精钠的色谱峰，并记录峰面积。

四、实验数据与处理

（1）以苯甲酸钠、山梨酸钾、糖精钠标准系列溶液的浓度为横坐标，色谱峰面积为纵坐标，绘制标准曲线。

（2）根据试样溶液色谱图中苯甲酸、山梨酸、糖精钠的峰面积，计算出试样溶液中苯甲酸钠、山梨酸钾、糖精钠的含量，并计算样品中苯甲酸钠、山梨酸钾、糖精钠的含量

(以 mg/kg 表示)。

五、注意事项

(1) 实验过程中，需时刻注意系统压力。

(2) 所有流动相与样品，都需要过滤后才能使用。

1. 外标法的原理是什么？外标法与内标法的适用范围有何不同？
2. 蛋糕中 3 种添加剂的含量是否符合国家标准？

实验二　高效液相色谱法测定阿莫西林胶囊中阿莫西林的含量

目的与要求

1. 熟悉高效液相色谱仪的构造。
2. 熟悉高效液相色谱法测定的原理及操作。
3. 掌握外标法测定阿莫西林胶囊中阿莫西林的含量。

一、基本原理

阿莫西林是一种最常用的半合成青霉素类广谱β-内酰胺类抗生素，其制剂有胶囊、片剂、颗粒剂、分散片等。其抗菌机制是通过干扰细菌细胞壁的合成，并且触发细菌自身的溶酶活性引起细菌细胞膜的损伤而达到杀灭细菌的目的。其具有耐酸的特点，口服吸收快，血药浓度高，生物利用度大于同类药物中的氨苄西林，临床疗效好，受广大医生和患者的青睐。阿莫西林杀菌作用强，穿透细胞壁的能力也强，也是目前应用较为广泛的口服青霉素之一。此外，阿莫西林分子结构中含有苯环，具有共轭体系，因此在紫外区有较强的吸收。本实验采用液相色谱法测定阿莫西林胶囊中阿莫西林的含量。

二、仪器与试剂

1. 仪器

岛津 LC-2030 高效液相色谱仪（配备紫外检测器），超声清洗器，高速离心机，分析天平。

2. 试剂

阿莫西林、甲醇、乙腈、磷酸二氢钾（色谱纯），阿莫西林胶囊。

三、实验内容与步骤

1. 色谱条件

色谱柱：Shim-pack GIST C18（250mm×4.6mm，5μm）；柱温：30℃；检测波长：230nm；流速：1.0mL/min；进样量：10μL；流动相：0.05mol/L 磷酸二氢钾缓冲液-乙腈（95.5∶4.5，体积比）。

2. 标准液制备及标准曲线绘制

准确称取 60.0mg 阿莫西林，置于 100mL 容量瓶中，用蒸馏水定容至刻度，配制成 0.6mg/mL 的母液。再取适量该溶液用蒸馏水稀释，分别配制浓度为 6、12、60、300、600mg/L 的对照品溶液。每份对照品溶液用液相色谱仪进行检测，以浓度为横坐标，阿莫西林的峰面积或峰高为纵坐标，得出相应的线性回归方程及相关系数。

3. 供试品制备

取装量差异项下的内容物，混合均匀，精密称取适量（相当于阿莫西林 12mg），置于 100mL 容量瓶，加磷酸二氢钾缓冲液溶解并稀释至刻度，摇匀，过滤。取 10μL 注入液相色谱仪，记录峰面积或峰高。

4. 色谱测定

按照上述色谱方法，对供试品液进行测定，记录阿莫西林的峰面积或峰高。

四、实验数据与处理

（1）以阿莫西林的色谱峰面积或峰高为纵坐标，其浓度为横坐标，绘制标准曲线。

（2）根据供试品溶液色谱图中阿莫西林的峰面积，计算阿莫西林胶囊中阿莫西林的含量。

五、注意事项

流动相使用前，需要超声处理 5min 来排除气体，避免基线不稳。

1. 液相色谱仪由哪几个部分组成？
2. 反相色谱应用最广泛的流动相和固定相有哪些？
3. 高效液相色谱仪操作的注意事项有哪些？

实验三　柱层析-高效液相色谱法测定甘蓝中的氟啶脲残留

目的与要求

1. 掌握柱层析净化技术。
2. 了解层析柱的填装顺序。
3. 理解反相色谱的原理和应用。

一、基本原理

弗罗里硅土是一种高选择性吸附剂，这种吸附剂主要由氧化硅（84%，质量分数）和氧化镁（15.5%，质量分数）两种成分组成，另有少量杂质硫酸钠（0.5%，质量分数）存在，是一种效果良好的常用固相萃取填料，可用于油脂、蜡质、色素等多种杂质的分析。甘蓝的有机溶剂提取液中常带有大量的色素、蜡质、碳水化合物等杂质，弗罗里硅土对这些杂质的吸附能力较强，对氟啶脲的保留能力较强，因此本试验选用弗罗里硅土作为吸附剂，通过选择合适的淋洗和洗脱条件，分离农药和杂质。

氟啶脲是苯甲酰脲类昆虫生长调节剂，可用于防治甘蓝上的棉铃虫、甜菜夜蛾、烟青虫、斜纹夜蛾等。氟啶脲化学性质稳定，在光照和加热条件下均不易分解。氟啶脲几乎不溶于水，易溶于丙酮、甲醇、二氯甲烷等多种有机溶剂。本实验选用乙腈作为提取溶剂，采用涡旋提取法对甘蓝中的氟啶脲进行提取，利用柱层析技术对提取液进行净化，浓缩后进行高效液相色谱-紫外检测器检测。

二、仪器与试剂

1. 仪器

岛津 LC-2030 高效液相色谱仪（配备紫外检测器）；高速组织捣碎机；旋涡混匀仪；烘箱；旋转蒸发器；低速离心机。

2. 材料与试剂

（1）样品　从市场购买甘蓝，切碎并高速匀浆，置于-18℃冷冻备用。

（2）分析纯乙腈，分析纯氯化钠，色谱纯甲醇，色谱纯乙腈，分析纯无水硫酸钠，分析纯丙酮，分析纯正己烷。

（3）层析用弗罗里硅土　60~100 目筛，在 130℃温度下加热过夜，冷却后放入干燥器中，备用。使用前加入 3%（质量分数）的蒸馏水混合，以减小其活性。

三、实验内容与步骤

1. 色谱条件

色谱柱：SHIMADZU Shim-pack GIST C18（250mm×4.6mm，5μm）；柱温：25℃；流动相：乙腈-水=80∶20（体积比），等度洗脱；流速：1mL/min；进样量：20μL；检测波长：260nm；运行时间：15min。

2. 标准液制备及标准曲线绘制

准确称取10mg氟啶脲标准品于10mL容量瓶并用色谱纯乙腈定容至刻度线，制得1000mg/L氟啶脲标准储备液。吸取100μL氟啶脲标准储备液到10mL容量瓶中，使用色谱纯乙腈定容至刻度线，制得10mg/L氟啶脲标准工作溶液。分别吸取2000、1000、500、200、100、50μL的氟啶脲标准工作溶液至6个10mL容量瓶中，用色谱纯乙腈定容至刻度线，得到2、1、0.5、0.2、0.1、0.05mg/L的氟啶脲标准系列溶液。将0.05~2mg/L的氟啶脲标准系列溶液进样，以浓度对峰面积进行回归，得标准曲线和回归方程。

3. 样品液制备

称取2.5g匀浆后的甘蓝于15mL具塞离心管中，向离心管中加入10.0mL乙腈，涡旋提取2min。加入1.0g氯化钠和2.0g无水硫酸钠混合物，剧烈手摇30s，4000r/min离心5min，取5.0mL上清液于鸡心瓶中，40℃下减压旋蒸至干。用2mL丙酮-正己烷混合溶液（2∶8，体积比）定容，此为提取液，待用。

玻璃层析柱中依次从下至上加入棉花，1cm的无水硫酸钠，2.0g经过处理的弗罗里硅土，1cm无水硫酸钠。然后用5mL丙酮-正己烷混合溶液（2∶8，体积比）活化柱子，弃去活化液。待丙酮-正己烷混合溶液下降至无水硫酸钠层时迅速将提取液加入，流出液弃去。待样品提取液下降至无水硫酸钠层时加入5mL丙酮-正己烷混合溶液（2∶8，体积比）淋洗层析柱，去除弱保留的杂质，弃去淋洗液。待淋洗液下降至无水硫酸钠层时，逐渐加入25mL丙酮-正己烷混合溶液（2∶8，体积比）洗脱氟啶脲，收集洗脱液于250mL鸡心瓶中。于40℃水浴中旋转浓缩至干，2mL甲醇定容，定容液过0.22μm有机系滤膜至进样小瓶，得到试样溶液。

4. 色谱测定

试样溶液注入色谱仪，取得色谱图，以保留时间对照定性，确定氟啶脲色谱峰，并记录峰面积。

四、实验数据与处理

（1）以氟啶脲标准系列溶液的浓度为横坐标，色谱峰面积为纵坐标，绘制标准曲线。

（2）根据试样溶液色谱图中氟啶脲峰面积，计算试样溶液中氟啶脲的含量，并计算样品中氟啶脲的含量（以mg/kg表示）。

五、注意事项

使用过的有机溶剂要倒入废液桶，不能直接倒入水槽，以免污染环境。

思考题

1. 常用柱层析法净化样液时，作为柱填料的吸附剂有哪些？各有什么特点？
2. 分别阐述氮吹法、减压旋转蒸发法在浓缩残留农药样液中的优缺点。

实验四　高效液相色谱法测定果冻中苹果酸、乳酸和柠檬酸的含量

目的与要求

1. 掌握高效液相色谱-紫外吸收检测器（HPLC-UVD）的使用，学会编辑批处理表、进样和数据处理。

2. 掌握外标法测定和分析果冻中有机酸含量。

3. 了解食品中有机酸的分离与定量测定的意义。

一、基本原理

高效液相色谱分离是利用试样中各组分在色谱柱中的淋洗液和固定相间的分配系数不同，当试样随着流动相进入色谱柱中后，组分就在其中的两相间进行反复多次的分配（吸附—脱附—放出），由于固定相对各种组分的吸附能力不同（即保存作用不同），因此各组分在色谱柱中的运行速度就不同，经过一定的柱长后，便彼此分离，按顺序离开色谱柱进入检测器，产生的离子流信号经放大后，在记录器上描绘出各组分的色谱峰。

本实验使用高效液相色谱法检测水溶性的苹果酸、乳酸和柠檬酸。试样直接用水提取后，经反相色谱柱分离，以保留时间定性，外标法定量。

二、仪器与试剂

1. 仪器

岛津 LC-2030 高效液相色谱仪（配备紫外检测器）；高速组织捣碎机；旋涡混匀仪；低速离心机。

2. 材料与试剂

（1）样品　从市场购买果冻，高速匀浆，备用。

（2）蒸馏水，分析纯磷酸，色谱纯甲醇，苹果酸、乳酸、柠檬酸标准品。

三、实验内容与步骤

1. 色谱条件

色谱柱：SHIMADZU Shim-pack GIST C18（250mm×4.6mm，5μm）；柱温：40℃；流动相：0.1%磷酸水溶液-甲醇=97.5∶2.5（体积比）比例的流动相等度洗脱；检测波长：210nm；流速：0.8mL/min；运行时间：12min；进样量：20μL。

2. 标准液制备及标准曲线绘制

分别准确称取 10mg 苹果酸、乳酸、柠檬酸标准品于同一个 10mL 容量瓶并用蒸馏水定容至刻度线，制得 1000mg/L 苹果酸、乳酸、柠檬酸混合标准储备液。分别吸取 5000、1000、500、200、100μL 的混合标准储备液至 6 个 10mL 容量瓶中，用蒸馏水定容至刻度线，得到 500、100、50、20、10mg/L 的苹果酸、柠檬酸和乳酸的混合标准系列工作液。将苹果酸、柠檬酸和乳酸的混合标准系列工作液（1000、500、100、50、20、10mg/L）分别注入高效液相色谱仪中，测定相应的峰面积。以标准工作液的浓度为横坐标，以色谱峰高或峰面积为纵坐标，绘制标准曲线。

3. 样品液制备

称取（10±0. 02）g 均匀试样至 50mL 塑料离心管中，向其中加入 20mL 蒸馏水，涡旋提取 2min，5000r/min 离心 5min，取上层提取液至 50mL 容量瓶中，残留物再用 20mL 蒸馏水重复提取一次。合并提取液于同一容量瓶中，并用蒸馏水定容至刻度，经 0. 22μm 水相滤膜过滤，得到试样溶液。

4. 色谱测定

试样溶液注入色谱仪，取得色谱图，以保留时间对照定性，确定苹果酸、柠檬酸和乳酸的色谱峰，并记录峰面积。

四、实验数据与处理

（1）以色谱峰面积为纵坐标，苹果酸/乳酸/柠檬酸标准系列溶液的浓度为横坐标，绘制标准曲线。

（2）根据试样溶液色谱图中苹果酸/乳酸/柠檬酸的峰面积，计算出试样溶液中苹果酸/乳酸/柠檬酸的含量，并计算果冻样品中苹果酸/乳酸/柠檬酸的含量（以 g/kg 表示）。

五、注意事项

使用缓冲盐做流动相时，应注意仪器管道的清洗，防止堵塞色谱柱或管道。

1. 正相、反相色谱分离系统是如何定义的，它们分别适用于什么情况？
2. 为什么可以利用色谱峰的保留时间进行色谱定性分析？

第十章

色谱–质谱联用技术

实验一　气相色谱-质谱法分析白酒中的挥发性成分

目的与要求

1. 熟悉气相色谱-质谱联用（GC-MS）仪的基本构造。
2. 了解白酒中挥发性成分的种类与特性。
3. 掌握气相色谱-质谱联用仪的定性分析方法。

一、基本原理

白酒是中国传统的蒸馏酒，是利用粮食原料，经蒸煮、糖化、发酵、蒸馏、陈酿和勾兑等酿制而成的酒类，具有以酯类为主体的复合香味。从化学组成来看，白酒中有98%是水和乙醇，1%~2%是呈香味的微量组分，且这些微量组分在各种白酒中的含量和比例不同，决定了白酒的不同香型和风格。这些挥发性成分种类多、数量庞大。近年来分析仪器的高速发展，也大大促进了白酒中挥发性成分的分离分析。

气相色谱（gas chromatography，GC）具有极强的分离能力，但其对未知化合物的定性能力较差；质谱（mass spectrometry，MS）对未知化合物具有独特的鉴定能力，且灵敏度极高，但其要求被检测组分一般是纯化合物。将GC与MS联用，彼此扬长避短，既弥补了GC只凭保留时间难以对复杂化合物中未知组分做出可靠的定性鉴定的缺点，又利用了MS鉴别能力很强且灵敏度极高的优点。凭借其高分辨能力、高灵敏度和分析过程简便快速的特点，气相色谱-质谱（GC-MS）法在环保、医药、农药等领域起着越来越重要的作用。

二、仪器与试剂

1. 仪器

Exactive GC气质联用仪（美国Thermo Fisher公司）。

2. 材料与试剂

市售白酒，正己烷（色谱纯）。

三、实验内容与步骤

1. 色谱条件

色谱柱：THERMO TG-5SIL MS柱（30m×0.25mm，0.25μm）；升温程序：初始温度为60℃，保持1min，后以5℃/min程序升温至200℃，保持2min，再以10℃/min升温至

300℃，保持 3min；载气：氦气，纯度≥99.999%；进样口温度：250℃；传输线温度：250℃；流速：1.5mL/min；进样方式：不分流进样；进样量：1.0μL。

2. 质谱条件

离子源：EI 源；电离能量：70eV；扫描方式：正离子扫描；离子源温度：230℃；溶剂延迟时间：3min；扫描质量范围：50~500m/z；检测方式为全扫描。

3. 样品液制备

取 5mL 白酒于 10mL 离心管中，在沸水浴中加热除去样品中的乙醇，冷却至室温后加入 2mL 正己烷，振荡萃取。取适量上层清液，过 0.22μm 有机滤膜，进行 GC-MS 分析。将得到的色谱图用软件进行谱库（NIST 库）检索，分析白酒中的挥发性组分。

四、实验数据与处理

用面积归一化法算出白酒中各挥发性组分的含量。

五、注意事项

气质联用仪的载气为高纯氦气，当气瓶压力小于 2MPa 时，需更换气瓶。

1. 气质联用仪与气相色谱仪相比，有哪些优势？
2. 气质联用仪在分析未知组分时，有哪些局限性？
3. 可以通过哪些途径实现气相色谱分离条件的优化？

实验二　分散液液微萃取结合气质联用检测水中多种有机磷农药残留

目的与要求

1. 了解有机磷农药的作用与危害。
2. 掌握分散液液微萃取的操作方法。
3. 掌握气质联用仪的定性与定量分析方法。

一、基本原理

有机磷农药是一类杀虫、抗病、除草害的含磷有机化合物。因其广谱高效、经济方便、药用量少，成为当前我国使用最广泛的一类农药。但是，随着有机磷农药大量使用，部分会通过水循环和雨水冲刷进入地表水中，严重污染水资源，危害生态环境。因此，检测水中有机磷农药是十分必要的。

由于水中农药含量比较低，不能直接使用仪器检测，需要一定的样品前处理过程。分散液液微萃取技术，是 2006 年 Rezaee 等提出的一种新型样品前处理技术，具有操作简单快速、成本低、试剂消耗少、富集效率高等特点。该法相当于微型化的液液萃取，其原理是萃取剂在分散剂的作用下形成分散的小液滴，均匀地分布在水样中，从而形成水/分散剂/萃取剂乳浊液体系，使待检测物质不断地向萃取剂中转移，再通过离心将萃取剂与水样分离开来，然后取适量沉淀相上机检测。

二、仪器与试剂

1. 仪器

Exactive GC 气质联用仪（美国 Thermo Fisher 公司）；超声波清洁机；高速离心机；分析天平。

2. 试剂

农药混合标液（内吸磷、二嗪农、乙拌磷、甲基对硫磷、马拉硫磷、对硫磷、乙硫磷、甲基谷硫磷，浓度均为 1000μg/mL）；三氯甲烷、丙酮（色谱纯）。

三、实验内容与步骤

1. 色谱条件

色谱柱：Thermo TRACE TG-5SIL MS 色谱柱（30m×0. 25mm，0. 25μm）；传输线温

度：250℃；离子源温度：230℃；载气：氦气，纯度≥99.999%；溶剂延迟时间：3min；进样方式：不分流进样；流速：1.5mL/min；进样量：5μL；升温程序：初始温度120℃，保持1min，以10℃/min增加至200℃，保持2min，继续以10℃/min增加至300℃，保持3min。

2. 质谱条件

离子源：EI电离源；扫描方式：正离子扫描；电子能量：70eV；离子源温度：230℃；扫描范围：30~500m/z；扫描模式：全扫描离子模式（full scan），保留时间、定量离子与定性离子如表10-1所示。

表10-1 八种有机磷的保留时间及特征离子

序号	分析物	保留时间/min	定量离子/（m/z）	定性离子/（m/z）
1	内吸磷	8.50	114.96	142.99，170.01
2	二嗪农	9.17	137.07	179.11，199.06
3	乙拌磷	9.40	98.94	114.96，141.96
4	甲基对硫磷	10.42	127.01	142.99，263.00
5	马拉硫磷	11.24	124.98	157.96，173.08
6	对硫磷	11.58	109.00	155.00，185.99
7	乙硫磷	14.52	230.97	124.98，174.91
8	甲基谷硫磷	16.97	132.04	104.04，160.05

3. 标准液制备及标准曲线绘制

以1000μg/mL的农药混合标液为母液，用正己烷稀释成浓度为1、5、20、100、500μg/L的系列标准溶液，以定量离子峰面积为纵坐标，各标准溶液浓度为横坐标，分别绘制八种农药的标准曲线。

4. 样品液制备

准确移取水样5.0mL于10mL具塞尖底离心管中，快速加入75μL三氯甲烷和1.0mL丙酮，用手轻轻振摇30s，形成水/丙酮/三氯甲烷分散体系，使三氯甲烷均匀分散在水相中，然后超声2min，以4000r/min离心5min，用微量进样器吸取离心管底部沉淀相5μL，上机检测。

5. 色谱测定

按照上述色谱方法和质谱方法，对样品液进行测定，对定量离子峰面积进行积分。

四、实验数据与处理

（1）以定量离子的色谱峰面积为纵坐标，各农药的质量浓度为横坐标，绘制标准曲线。

（2）根据样品溶液定量离子的峰面积，计算水样中各个农药的残留量。

五、注意事项

（1）测试之前，应该先对质谱进行调谐和校正操作，确保结果准确。

（2）有机磷农药是剧毒化合物，使用后要认真洗手。

思考题

1. 什么是定性离子？什么是定量离子？二者有什么关系？
2. 本实验的萃取剂和分散剂分别是什么？
3. 分散液液微萃取法与常规液液萃取相比，其优势是什么？

实验三　超高效液相色谱-串联质谱法测定红曲米中橘青霉素的含量

目的与要求

1. 了解液质联用仪［如超高效液相色谱-串联质谱（UPLC-MS/MS）仪］的基本原理和使用方法。
2. 掌握固相萃取的操作技术。
3. 了解免疫亲和柱富集橘青霉素的作用机制。

一、基本原理

红曲米，是以籼稻、粳稻、糯米等稻米为原料，用红曲霉发酵而成，为棕红色或紫红色米粒。红曲霉不仅能生产色素，也产生真菌毒素橘青霉素。其不仅可以致癌、致畸，而且可诱发突变，对人类健康造成巨大的危害。由于食品中的成分复杂，它们以各种各样的方式结合在一起，其他成分往往会干扰橘青霉素的测定结果，从而引起偏差。因此，需要对样品中的待测组分进行分离、纯化、浓缩等步骤，才能对样品准确检测。

免疫亲和柱净化技术的基础是抗原-抗体反应，抗体连接在免疫亲和柱体内，样品中的橘青霉素经过提取、过滤、稀释，然后缓慢地通过橘青霉素免疫亲和柱，在免疫亲和柱内毒素与抗体结合，之后洗涤免疫亲和柱，除去没有被结合的其他无关物质，用洗脱液洗脱橘青霉素，然后由液质联用仪中检测。

二、仪器与试剂

1. 仪器

Waters TQD 液质联用仪（美国 Waters 公司）；恒温气浴摇床；固相萃取仪；分析天平。

2. 试剂

橘青霉素标准品、甲醇、乙腈、乙酸铵、甲酸、氨水（色谱纯）；超纯水；磷酸、盐酸、氢氧化钠（分析纯）；橘青霉素免疫亲和柱（柱容量：500ng）。

三、实验内容与步骤

1. 色谱条件

色谱柱：ACQUITY UPLC BEH C18（50mm×2.1mm，1.7μm）；流动相为乙腈（A）、

0.2%甲酸的 5mmol/L 乙酸铵溶液（B），采用梯度洗脱，梯度程序见表 10-2；柱温：25℃；流速：0.4mL/min；进样量：10μL。

表 10-2 梯度洗脱程序

时间/min	A/%	B/%
0	10	90
0.5	10	90
1.5	100	0
3.5	100	0
4.0	10	90
10	10	90

2. 质谱条件

离子源：ESI$^+$；离子源温度：150℃；毛细管电压：1.5kV；锥孔电压：30V；脱溶剂气温度：650℃；流速：600L/h；扫描方式：多反应监测；质谱方法见表 10-3。

表 10-3 质谱方法

化合物	母离子	子离子	锥孔电压/V	碰撞电压/V
橘青霉素	251.14	90.89	30	42
		204.83	30	26

3. 标准液制备及标准曲线绘制

将橘青霉素标准品用甲醇配制 1200ng/mL 的母液，逐步稀释成浓度为 2、4、12、24、48、72、120ng/mL 的标准溶液，分别经液质联用仪测定。以浓度（ng/mL）为横坐标、峰面积为纵坐标，得出相应的线性回归方程及相关系数。

4. 样品液制备

（1）取（10±0.01）g 样品加入 50mL 提取液［70%（体积分数）甲醇-水溶液］混匀，置于摇床（200~300r/min），振摇 20min 后，用快速定性滤纸过滤，收集滤液。取滤液 5mL，加入 35mL 磷酸缓冲液（10mmol/L，pH 7.5）混匀，再用微纤维滤纸过滤，并收集滤液，调节滤液的 pH 为 6~8，作为上样液。

（2）取 5mL 上样液，过免疫亲和柱，流速控制在 1~2 滴/s；待液体排干后，加入 5mL 磷酸缓冲液洗涤，流速 1~2 滴/s；最后加入 2mL 甲醇洗脱亲和柱，流速 1 滴/s，收集全部洗脱液；洗脱液用 0.22μm 微孔滤膜过滤后转移至样品瓶，用于超高效液相色谱-串联质谱（UPLC-MS/MS）仪检测。

5. 色谱测定

按照上述色谱方法和质谱方法，对洗脱液进行测定，记录橘青霉素的峰面积。

四、实验数据与处理

（1）以色谱峰面积为纵坐标，橘青霉素的浓度为横坐标，绘制标准曲线。

（2）根据洗脱液色谱图中橘青霉素的峰面积，计算出洗脱液中橘青霉素的含量，并计算样品中橘青霉素的含量（以 μg/kg 表示）。

五、注意事项

（1）固相萃取时，应控制液体流速为 1～2 滴/s，以防流速过快导致橘青霉素不能被完全吸附。

（2）滤液的 pH 应严格控制在 6～8，否则会破坏抗体活性，影响回收率。

思考题

1. 液质联用仪是由哪几部分构成？
2. 什么是定性离子和定量离子？
3. 采用梯度洗脱的优势是什么？

实验四　超高效液相色谱-串联质谱法测定牛乳中的双酚 A 残留

目的与要求

1. 熟悉超高效液相色谱-串联质谱（UPLC-MS/MS）仪的构造。
2. 了解双酚 A 的作用与危害。
3. 掌握超高效液相色谱-串联质谱仪的定性与定量分析方法。

一、基本原理

双酚 A 是一种极为普遍且用途广泛的有机化工原料，是合成聚碳酸酯、环氧树脂的原料，还被用于制作食品容器的内表面涂层，过去甚至用于奶瓶、奶嘴等。双酚 A 一旦进入人体内，会对机体内分泌产生干扰，容易在体内蓄积，使机体内分泌失调，从而对生长发育产生危害。双酚 A 的理化性质中有亲脂这一特点，使得其容易在牛乳这种富含脂肪、蛋白质的食品中残留。欧洲多家非政府机构曾多次呼吁禁止使用双酚 A。

质谱法是一种通过测量离子的质荷比进行分析的方法，不仅灵敏度高，而且样品的用量较少，还能同时进行分离和鉴定，能够快速并且准确得出样品相关的信息，广泛应用于生命科学、化学和医药等领域。而质谱与液相色谱的联用，更大大提高了分析的效率和准确性。本实验采用超高效液相色谱-串联质谱（UPLC-MS/MS）法测定牛乳中双酚 A 的残留量。

二、仪器与试剂

1. 仪器

Waters TQD 液质联用仪（美国 Waters 公司）；超声波清洗机；高速离心机；分析天平。

2. 试剂

双酚 A、甲醇、乙腈、甲酸、氯化钠（色谱纯）；无水硫酸钠（分析纯）；去离子水；乙二胺基-*N*-丙基吸附剂（PSA）。

三、实验内容与步骤

1. 色谱条件

色谱柱：ACQUITY UPLC BEH C18（50mm×2.1mm，1.7μm）；流动相：70%（体积

分数）乙腈-水；流速：0.3mL/min；进样量：1μL。

2. 质谱条件

离子源：ESI^-；离子源温度：150℃；毛细管电压：1.5kV；锥孔电压：48V；脱溶剂气温度：597℃；流速：600L/h；扫描方式：多反应监测；质谱方法见表 10-4。

表 10-4 质谱检测参数

化合物	母离子/（m/z）	子离子/（m/z）	锥孔电压/V	碰撞电压/V
BPA	226.9	133.0468	48	22
		212.0321	48	18

3. 标准液制备及标准曲线绘制

准确称取 10.0mg 双酚 A，置于 100mL 容量瓶中，用乙腈定容至刻度，配制成 100mg/L 母液。逐步稀释成浓度为 10、50、100、500、2000μg/L 的标准溶液，分别经液质联用仪测定。以浓度（μg/L）为横坐标、峰面积为纵坐标，得出相应的线性回归方程及相关系数。

4. 样品液制备

准确量取 1.0mL 样品（纯牛乳）于 10mL 干净离心管中，加入 5mL 乙腈、60mg 氯化钠、1g 无水硫酸钠，超声振荡 2min，以 4000r/min 离心 5min；将上清液全部转移至另一干净离心管中，加入 150mg PSA，超声振荡 2min，以转速 4000r/min 离心 5min；上清液过 0.22μm 滤膜后，由超高效液相色谱-串联质谱仪进行检测。

5. 色谱测定

按照上述色谱方法和质谱方法，对样品液进行测定，记录双酚 A 的峰面积。

四、实验数据与处理

（1）以双酚 A 的色谱峰面积为纵坐标，其浓度为横坐标，绘制标准曲线。

（2）根据样品溶液色谱图中双酚 A 的峰面积，计算牛乳样品中双酚 A 的残留量。

五、注意事项

（1）样品溶液需经 0.22μm 滤膜过滤后，方能进样。

（2）正确选择离子源电离模式。

1. 什么是母离子？什么是子离子？二者有什么关系？
2. 实验中影响定量分析准确性的因素有哪些？
3. 液质联用仪相较于液相色谱仪有什么优势？

第十一章

离子色谱法

实验一　离子色谱法测定生活饮用水中常见阴离子的含量

目的与要求

1. 理解离子色谱的原理和应用。
2. 掌握外标定量方法。

一、基本原理

生活饮用水中常见阴离子有 F^-、Cl^-、ClO_2^-、BrO_3^-、ClO_3^-、NO_3^-、SO_4^{2-}等,《生活饮用水卫生标准》(GB 5749—2006) 中明确规定了氟化物、硝酸盐(以N计)、溴酸盐、亚氯酸盐、氯酸盐、硫酸盐、氯化物的含量分别不能超过1、10、0.01、0.7、0.7、250、250mg/L。常见阴离子的监控直接影响生活饮用水的质量,超标会影响人类身体健康。

离子色谱是利用阴离子色谱柱(填料为离子交换树脂)来分离阴离子的。依据离子交换原理,不同阴离子与离子交换树脂的结合能力大小不同,利用碳酸钠淋洗液将结合能力弱的阴离子先冲出色谱柱,结合能力强的阴离子后冲出色谱柱,以达到分离阴离子的目的。利用电导检测器进行检测,由于阴离子的电导率远小于阳离子的电导率,阳离子会严重干扰阴离子的检测,因此淋洗液和试样进入检测器前,需要先经过抑制器,将阳离子置换为氢离子,消除阳离子的干扰。利用各组分的保留时间与标准溶液中各离子的保留时间比较以达到定性目的,利用峰面积或峰高与标准物质的浓度拟合一次方程以达到定量的目的,一次进样可以同时测定上述所有的阴离子。

二、仪器与试剂

1. 仪器

瑞士万通930离子色谱(配备电导检测器、抑制器)。

2. 材料与试剂

自来水,碳酸钠(优级纯),阴离子标准溶液(浓度均为100mg/L,北京万佳首化生物科技有限公司),硫酸(分析纯),超纯水。

三、实验内容与步骤

1. 测试条件

色谱柱:Metrosep A Supp 7-250/4.0 阴离子色谱柱(250mm×4.0mm);淋洗液:3.6mmol/L Na_2CO_3溶液;柱温:40℃;流速:0.7mL/min;检测时间:35min;进样体积:

20μL；抑制器再生液：0.3%~0.5%（体积分数）H_2SO_4和超纯水。

2. 标准液配制及标准曲线绘制

（1）标准溶液配制　分别取阴离子标准溶液各0、1、2、3、4、5mL，混合定容至50mL，使阴离子的浓度均为0、2、4、6、8、10mg/L。

（2）标准曲线绘制　分别取0、2、4、6、8、10mg/L的标准溶液20μL进行测试，从仪器数据处理系统中读取每个峰的峰面积，以标准溶液的浓度为横坐标，峰面积为纵坐标，不强制过原点，得到标准曲线。

3. 样品制备

自来水经0.22μm水相滤膜过滤后可直接进样，若浓度超出标准曲线范围，稀释相应倍数后进样。

4. 样品测定

取20μL自来水样品进样，获得色谱图，以保留时间对照定性，确定各阴离子的色谱峰，并记录峰面积。

四、实验数据与处理

（1）以标准溶液浓度为横坐标，峰面积为纵坐标，绘制标准曲线（拟合一次方程）。

（2）依据自来水样品色谱图，获得各个阴离子的峰面积，代入相应离子的回归方程中进行计算离子浓度。

五、注意事项

（1）流动相使用的水必须为超纯水，碳酸钠必须为优级纯。

（2）仪器使用过程中注意抑制器再生液的流速，流速过慢会导致再生不完全。

1. 什么是抑制器？阴离子的测定为什么要用抑制器？
2. 什么是保留时间？为什么可以利用保留时间来定性阴离子组分？

实验二　离子色谱法测定生活饮用水中常见阳离子的含量

目的与要求

1. 理解离子色谱的原理和应用。
2. 掌握外标定量方法。

一、基本原理

生活饮用水中常见阳离子有 K^+、Ca^{2+}、Na^+、Mg^{2+}，NH_4^+等，也是水质监测的常规项目。常见阳离子含量过高不仅影响饮用水的口感，长期饮用还会影响身体健康，所以生活饮用水中常见阳离子的监测也十分重要。

离子色谱是利用阳离子色谱柱（填料为离子交换树脂）来分离阳离子的。依据离子交换原理，不同阳离子与离子交换树脂的结合能力大小不同，利用硝酸淋洗液将结合能力弱的阳离子先冲出色谱柱，结合能力强的阳离子后冲出色谱柱，以达到分离阳离子的目的。利用各组分的保留时间与标准溶液中各离子的保留时间比较以达到定性目的，利用峰面积或峰高与标准物质的浓度拟合一次方程以达到定量的目的，一次进样可以同时测定上述所有的阳离子。

二、仪器与试剂

1. 仪器

瑞士万通 930 离子色谱（配备电导检测器）。

2. 材料与试剂

自来水，硝酸（优级纯），阳离子标准溶液（100mg/L，北京万佳首化生物科技有限公司），超纯水。

三、实验内容与步骤

1. 测试条件

色谱柱：Metrosep C6-150/4.0 阳离子色谱柱（150mm×4.0mm）；淋洗液：6.5mmol/L HNO_3；柱温：30℃；流速：0.9mL/min；检测时间：15min；进样体积：20μL。

2. 标准液配制及标准曲线绘制

（1）标准溶液配制　分别取阳离子标准溶液 0、1、2、3、4、5mL，超纯水定容至

50mL，使阳离子的浓度为0、2、4、6、8、10mg/L（若待测样品中各离子浓度差别较大，可适当改变标准溶液中不同离子的浓度范围，以便可以一次测定所有阳离子）。

（2）标准曲线绘制　分别取0、2、4、6、8、10mg/L的标准溶液20μL进行测试，从仪器数据处理系统中读取每个峰的峰面积，以标准溶液的浓度为横坐标，峰面积为纵坐标，不强制过原点，得到标准曲线。

3. 样品制备

自来水经0.22μm水相滤膜过滤后，稀释100倍进样，然后根据测得浓度适当调整稀释倍数。

4. 样品测定

取20μL稀释好的自来水样品进样，获得色谱图，以保留时间对照定性，确定各阳离子的色谱峰，并记录峰面积。

四、实验数据与处理

（1）以标准溶液的浓度为横坐标，峰面积为纵坐标，绘制标准曲线（拟合一次方程）。

（2）依据自来水样品色谱图，获得各个阳离子的峰面积，代入相应离子的回归方程中进行计算离子浓度。

五、注意事项

样品必须用0.22μm的滤膜过滤后才能进样，以免堵塞管道和色谱柱。

1. 阳离子监测为什么不用抑制器？

2. 当样品中两离子的浓度差别较大时，不适合现有标准曲线，怎么做可以一次完成测定？

实验三　离子色谱法测定蔬菜中NO_3^-和NO_2^-的含量

目的与要求

1. 理解离子色谱的原理和应用。
2. 掌握外标定量方法。

一、基本原理

自然界中普遍存在硝酸盐和亚硝酸盐，硝酸盐在细菌的作用下能被还原成亚硝酸盐，过量的亚硝酸盐的摄入会致癌，严重危害人类健康。随着工业的发展，含氮化肥的广泛使用，使得蔬菜中的硝酸盐和亚硝酸盐含量偏高，人类食用这类蔬菜致癌的风险大大增加，因此蔬菜中的硝酸盐和亚硝酸盐的监测非常重要。

二、仪器与试剂

1. 仪器

瑞士万通930离子色谱（配备电导检测器、抑制器）。

2. 材料与试剂

新鲜蔬菜，碳酸钠（优级纯），NO_3^-和NO_2^-标准溶液（100mg/L和10mg/L，北京万佳首化生物科技有限公司），硫酸（分析纯），KOH（优级纯），超纯水。

三、实验内容与步骤

1. 测试条件

色谱柱：Metrosep A Supp 7－250/4.0阴离子色谱柱（250mm×4.0mm）；淋洗液：3.6mmol/L Na_2CO_3溶液；柱温：40℃；流速：0.7mL/min；检测时间：25min；进样体积：20μL；抑制器再生液：0.3~0.5% H_2SO_4和超纯水。

2. 标准液配制及标准曲线绘制

（1）标准混合溶液配制　分别取NO_3^-和NO_2^-标准溶液各0、1、2、3、4、5mL，混合定容至50mL，使NO_3^-的浓度为0、2、4、6、8、10mg/L，NO_2^-的浓度为0、0.2、0.4、0.6、0.8、1.0mg/L。

（2）标准曲线绘制　分别取各浓度的NO_3^-和NO_2^-标准混合溶液20μL进行测试，从仪器数据处理系统中读取每个峰的峰面积，以标准溶液的浓度为横坐标，峰面积为纵坐标，不强制过原点，得到标准曲线。

3. 样品制备

取适量可食用的蔬菜部位洗净后进行粉碎，粉碎好后取 5. 0g 蔬菜样品，置于锥形瓶中，加入 80mL 水，1mL 1mol/L KOH 溶液，超声提取 30min，每隔 5min 震荡一次，确保固相完全分散，于 75℃水浴中放置 5min，取出放至室温，完全转移至 100mL 容量瓶，加水稀释至刻度并混匀。溶液经布氏漏斗抽滤后，取部分滤液过 0. 22μm 滤膜，待测。空白样的制备方法除不加蔬菜外，其他同上。

4. 样品测定

取 20μL 制备好的样品直接进样，获得色谱图，以保留时间对照定性，确定 NO_3^- 和 NO_2^- 的色谱峰，并记录峰面积。若浓度过高进行适当的稀释。

四、实验数据与处理

（1）以标准溶液浓度为横坐标，峰面积为纵坐标，绘制标准曲线（拟合一次方程）。

（2）依据样品色谱图，获得 NO_3^- 和 NO_2^- 的峰面积，代入相应离子的回归方程中进行计算待测滤液中 NO_3^- 和 NO_2^- 的浓度。依据如下公式计算蔬菜中 NO_3^- 和 NO_2^- 的含量：

$$c = (c_1 - c_0) \times V \times n / m \tag{11-1}$$

式中 c——蔬菜中 NO_3^- 或 NO_2^- 的含量，mg/kg；

c_1——蔬菜样品待测滤液的浓度，mg/L；

c_0——空白样品待测滤液的浓度，mg/L；

V——蔬菜样品的定容体积（本实验为 100mL），mL；

n——蔬菜样品待测滤液的稀释倍数；

m——蔬菜样品的取样量，g。

五、注意事项

（1）当柱压过高时须排除仪器管路中的滤膜有无堵塞，堵塞时须更换。

（2）更换流动相时必须排气泡，以免气泡进入色谱柱，增加死时间。

1. 蔬菜中 NO_3^- 和 NO_2^- 的测定有哪些影响因素？
2. 为什么要做空白实验？

第十二章

毛细管电泳法

实验一 毛细管区带电泳法测定碳酸饮料中苯甲酸钠的含量

目的与要求

1. 学习毛细管电泳法测定的基本原理的特点。
2. 了解毛细管电泳仪的结构和一般操作方法。
3. 掌握用毛细管电泳法测定碳酸饮料中防腐抑菌剂苯甲酸钠含量的方法。

一、基本原理

毛细管电泳（capillary electrophoresis，CE）是以毛细管为分离通道，以高压电场为驱动力，依据样品中各组分之间淌度和分配行为上的差异而实现分离的一类液相分离技术。

1. 电泳

在电解质溶液中，带电粒子在电场作用下，以不同的速率向其所带电荷相反的电极方向迁移的现象称为电泳。单位电场下的电泳速度（v/E）称为电泳淌度（μ）或电迁移率。对于给定的荷电量为 q 的离子，在电场中运行时受到电场力（F_E）和溶液阻力（F_f）的共同作用：

$$F_E = qE \quad F_f = 6\pi\eta rv = 6\pi\eta r\mu E \tag{12-1}$$

式中 F_E——电场力；

q——电荷量；

E——电场强度；

F_f——溶液阻力；

π——圆周率；

v——电泳速度；

6——换算系数；

η——介质黏度；

r——离子的流体动力学半径。

在电泳过程达到平衡时，上述两种力方向相反，大小相等，即

$$qE = 6\pi\eta r\mu E \tag{12-2}$$

$$\mu = \frac{q}{6\pi\eta r} \tag{12-3}$$

因此，离子的电泳淌度与其荷电量呈正比，与其半径及介质黏度呈反比。带相反电荷的离子其电泳的方向相反。有些物质因其淌度非常相近而难以分离，可以通过改变介质的

pH 等条件，使离子的荷电量发生改变，使不同离子具有不同的有效淌度，从而实现分离。

2. 电渗流和电渗率

电渗流是 CE 中最重要的概念，是指毛细管内壁表面电荷所引起的管内液体的整体流动，其推动力来源于外加电场对管壁溶液双电层的作用。

CE 所用的石英毛细管表面的硅羟基在 pH = 3 以上的介质中会发生明显的解离，使表面带有负电荷，促使溶液中的正离子聚集在表面附近，形成双电层。在高电压作用下，双电层中的水合阳离子引起流体整体朝负极方向移动，即电渗。单位电场下的电渗速度称为电渗率。在毛细管内，带电粒子的迁移速度等于电泳和电渗流两种速度的矢量和。正离子的电泳方向和电渗流的方向一致，迁移速度最大，最先流出；中性粒子的电泳速度为零，其迁移速度相当于电渗流的速度；负离子的电泳方向和电渗流的相反，但因电渗流速度一般大于电泳速度，因而负离子在中性粒子之后流出。各种粒子因迁移速度不同而实现分离。

电渗流主要取决于毛细管表面电荷的多少。一般地，pH 越高则表面硅羟基的解离度越大，电荷密度也越大，电渗流速率就越大。另外，电渗流还与毛细管表面的性质、电解质缓冲液的组成、黏度、温度和电场强度等有关。能与毛细管表面作用的物质如表面活性剂、有机溶剂、两性离子等都会对电渗流产生很大的影响。利用这种现象，可以达到电渗控制的目的。温度升高可以降低介质黏度，增大电渗流。电场强度越大，电渗流越大。电渗流的方向一般是从正极到负极，然而在溶液中加入阳离子表面活性剂，随着浓度由小变大，电渗流逐渐减小直至为零，再增加阳离子浓度，出现反向电渗。在分析小分子有机酸时，这是常用的电渗流控制技术。

电渗是 CE 中推动流体前进的驱动力，它使整个流体像一个塞子，以均匀的速度向前运动，溶质区带在毛细管内呈扁平塞形，不易扩张。而在 HPLC 中，采用的压力驱动方式使柱中流体呈抛物线形，中心处速度是平均速度的两倍，导致溶质区带扩张，使分离效率不如 CE。

增加组分的迁移速度是减少谱带展宽、提高分离效率的重要途径之一。增加电场强度可以提高迁移速率，但高场强也会导致通过毛细管的电流增加，增大焦耳热（自热）。焦耳热使流体在径向产生抛物线形的温度分布，即管轴中心温度比近壁处高。因溶液的黏度随温度升高呈指数下降，温度梯度使流动相的黏度在径向产生梯度，从而影响流动相的迁移速度，使管轴中心的溶质分子比近壁处的迁移速度快，造成溶质谱带展宽。

3. 毛细管电泳仪的基本结构

图 12-1 为毛细管电泳仪的基本结构示意图。其组成部分主要有进样系统、高压电源、缓冲液瓶（包括样品瓶）、毛细管和检测器。

进样一般采用电动法和压力法。电动法是将毛细管进样端插入样品溶液后加上电压，样品组分因电迁移和电渗作用而进入毛细管中。改变电压和进样时间可获得不同的进样量。由于在电动进样过程中，迁移速度较大的组分进样较多，因而存在进样偏向，会降低分析结果的准确性和可靠性。利用压缩气体可以实现压力进样。在毛细管两端加上不同的

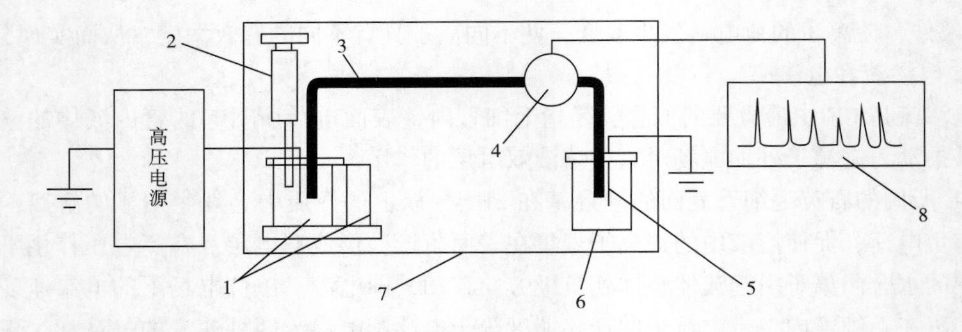

1—高压电极与进样装置；2—填灌清洗装置；3—毛细管；4—检测器；5—铂丝电极；
6—低压电极槽；7—恒温箱；8—记录/数据处理。

图 12-1　毛细管电泳仪结构示意图

压力，管中溶液发生流动而将样品带入毛细管。进样量与两端压差及进样时间相关。可以采用正压或负压进样，一般气压取值约为 0.5psi①（即 3.45×10^3Pa），进样时间约 5s。压力进样没有组分偏向问题，是最常用的进样方式。

高压电源为分离提供动力，商品化仪器的输出直流电压一般力 0~30kV，也有采用 60k~90kV 的。大部分直流电源都配有输出极性转换装置，可以根据分离需要选择正电压或负电压。一般要求高压电源能以恒压、恒流或恒功率等模式供电。对于高电压，商品仪器一般都有安全保护措施，在漏电、放电等危险情况下，高压电源自动关闭，保持操作环境干燥及降低分离电压可防止高压放电。

缓冲液瓶多采用塑料（如聚丙烯）或玻璃等绝缘材料制成，容积为 1~3mL。考虑到分析过程中正、负电极上发生的电解反应，体积大一些的缓冲液瓶有利于 pH 的稳定。

毛细管是 CE 分离的核心部件，普遍采用的毛细管是弹性熔融石英毛细管。由于石英毛细管脆且易折断，在其外表面涂附聚酰亚胺增加其弹性。市售的毛细管一般有内径 50μm、75μm 和 100μm 等几种，根据分离度的要求，可选用 20~100cm 长度。进样端至检测器间的长度称为有效长度。弹性熔融石英毛细管分无涂层及有涂层两种。由于聚酰亚胺涂层不透明，所以经过检测窗口处的毛细管外涂层必须剥离。为解决焦耳热引起的分离度下降及环境温度变化引起的分离不重现性问题，在毛细管电泳仪中设有温度控制系统，恒温控制分空冷和液冷两种，其中液冷效果较好。

紫外-可见检测器是 CE 中最常采用的检测器，分为固定波长检测器和二极管阵列检测器两类。前者采用滤光片或光栅选取所需检测波长，结构简单，灵敏度比后者高。二极管阵列检测器可得到吸光度-时间-波长的三维图谱，可用于在线光谱定性。一般均采取柱上检测方式，也可实现柱后检测。

4. 毛细管电泳的分离模式及分离条件

CE 有毛细管区带电泳（CZE）、毛细管胶束电动色谱（MECC）、毛细管凝胶电泳

① 1psi≈6894.8Pa。

（CGE）、毛细管等电聚焦（CIFF）、毛细管等速电泳（CITP）和毛细管电色谱（CEC）六种分离模式，本实验采用 CZE 法。

CZE 是最简单的 CE 分离模式，因为毛细管中的分离介质只是缓冲液。在电场的作用下，样品组分以不同的速率在区带内迁移而被分离。在 CZE 中，影响分离的因素主要有缓冲溶液（包括缓冲液的种类、pH、浓度）、添加剂、电泳电压、电泳温度、毛细管柱。

缓冲液种类的选择通常须遵循下述要求：①在所选择的 pH 范围内有很好的缓冲容量；②在检测波长处无吸收或吸收很低；③自身的电泳淌度低，即分子大而荷电小，以减小电流的产生，减小焦耳热；④尽量选用电泳淌度与溶质相近的缓冲溶液，有利于减小电分散作用引起的区带展宽，提高分离效率。缓冲溶液的 pH 依样品的性质和分离效率而定。增大缓冲液的浓度一般可以改善分离，但电渗流会降低，延长分析时间，过高的盐浓度还会增加焦耳热，使分离度下降。

常用的缓冲溶液有磷酸盐、硼酸盐及乙酸盐缓冲溶液，浓度在 10~200mmol/L。缓冲液添加剂多为有机试剂，如甲醇、乙腈和阳离子表面活性剂等。主要作用是增加样品在缓冲液中的溶解度，抑制样品组分在毛细管壁上的吸附，改善峰形。阳离子表面活性剂还能使电渗流反向。

提高分析电压有利于提高分离效率和缩短分析时间，但过高的电压会引起焦耳热增加，区带展宽，导致分离效率降低。

温度的变化可以改变缓冲液的黏度，从而影响电渗流。

毛细管内径越小，分离效率越高。但样品容量越低；适当增加毛细管的长度也可以提高分离效率，但分析时间将会延长。

二、仪器与试剂

1. 仪器

P/ACE MDQ 毛细管电泳仪（美国 Beckman 公司）配有二极管阵列检测器（50cm×75μm，内径）非涂渍石英毛细管，分析天平，超声波清洗仪，纯水仪，容量瓶，移液管，0.45μm 微孔滤膜，10mL 注射器，抽滤瓶。

2. 材料与试剂

（1）苯甲酸钠（C_6H_5COONa，AR），氢氧化钠（NaOH，AR），硼砂（$Na_2B_4O_7 \cdot 10H_2O$，AR），纯水，碳酸饮料（市售等）。

（2）0.20mol/L NaOH 溶液　称取 4.0g 固体氢氧化钠，溶于 500mL 纯水中。

（3）20mmol/L $Na_2B_4O_7 \cdot 10H_2O$ 缓冲液　称取 7.62g 四硼酸钠，用适量纯水超声，溶解后转入 1000mL 容量瓶中，用纯水定容至刻度，摇匀。

（4）1.0g/L 苯甲酸钠标准储备液　称取适量苯甲酸钠（准确至±0.0001g），用 $Na_2B_4O_7 \cdot 10H_2O$ 缓冲液溶解定容。

注：配制的溶液须经 0.45μm 滤膜过滤后方可使用。

三、实验内容与步骤

1. 苯甲酸钠标准工作溶液

准确吸取苯甲酸钠储备液 1.00、2.00、4.00、6.00、8.00、10.00mL 分别置于 6 只 50mL 容量瓶中，以 $Na_2B_4O_7 \cdot 10H_2O$ 缓冲液定容，得苯甲酸钠标准工作液，其浓度分别约为 0.02、0.04、0.08、0.12、0.16、0.20g/L（保留三位有效数字）。

2. 饮料试液

将市售碳酸饮料用超声波清洗仪超声脱气，准确吸取碳酸饮料样品 15.00mL 于 50mL 容量瓶中，用 $Na_2B_4O_7 \cdot 10H_2O$ 缓冲液定容，摇匀，用 0.45μm 滤膜过滤备用。

3. 电泳条件

检测波长 225nm，分离电压 20kV，温度 25℃，气压进样 0.7psi（即 4.83×10^3Pa）×5s；运行缓冲液：20mmol/L 四硼酸钠溶液。

4. 实验步骤

（1）接通电源，打开毛细管电泳仪开关，打开计算机，点击桌面操作软件图标，进入毛细管电泳仪控制界面，预热 10~20min。

（2）将 0.20mol/L NaOH 溶液、纯水和缓冲液装入小储液瓶，依次放入电泳仪的进口端（inlet），废液瓶放入出口端（outlet），记录各瓶的相应的位置。第一次进样前，依次用 0.2mol/L NaOH 冲洗（rinse）2min，纯水冲洗 5min，20mmol/L $Na_2B_4O_7 \cdot 10H_2O$ 冲洗 5min。各样品之间用 20mmol/L $Na_2B_4O_7 \cdot 10H_2O$ 冲洗 3min，清洗气压 30psi（即 2.07×10^5Pa）。冲洗完成后，毛细管中充满运行缓冲液。

（3）将苯甲酸钠标准工作液装入小储液瓶，依次放入进口端，记录各瓶位置。按电泳条件设置参数，进样（inject）运行。以峰面积 A 为纵坐标，以浓度 c 为横坐标，绘制工作曲线。

（4）将饮料试液放入进口端进样运行。

（5）完成实验以后，关闭检测器电源，用水冲洗毛细管 10min。若毛细管长期不用，水冲洗以后再用空气吹干 10min，待冷凝液回流后关闭主机电源，关闭控制界面，关闭计算机，切断电源。

四、实验数据与处理

饮料样品中苯甲酸钠的含量（以 g/L 表示）按式（12-4）进行计算：

$$c = c_0 \times \frac{50}{15} \tag{12-4}$$

式中 c——饮料样品中苯甲酸钠的含量，g/L；

c_0——根据苯甲酸钠的峰面积在工作曲线上求得的饮料试液中苯甲酸钠的含量，g/L。

五、注意事项

（1）必须将毛细管电泳仪放置于环境干燥的室内，防止在潮湿环境中发生高压放电。

（2）储液瓶的液面高度不得低于 1/2，也不可超过瓶颈。瓶口和瓶盖不得沾有液体，如果有液体存在要将液体擦干。

（3）储液瓶盖不可用洗涤剂长时间浸泡或放入烘箱烘干，否则会导致瓶盖的老化。

（4）缓冲液使用一段时间后，淌度和电渗流会变化，需经常更换。

（5）用于装废液的储液瓶要及时清理，不可过满，过高的废液量既会污染毛细管，也会造成气路的阻塞。

思考题

1. 毛细管电泳分离的原理是什么？
2. 毛细管电泳的分离模式有几种？
3. 毛细管电泳仪结构由几部分组成？常用的检测器有哪些？
4. 毛细管电泳有什么特点？可以应用于分离检测什么样的物质？
5. 毛细管电泳定量的依据是什么？最低检出限是多少？
6. 如何判定碳酸饮料样品中的未知峰为苯甲酸钠的组分峰？
7. 为什么在实验中进入毛细管的样品均需用滤膜过滤？
8. 尝试测定可口可乐试样中是否含有苯甲酸钠。

实验二　毛细管电泳法测定阿司匹林中水杨酸的含量

目的与要求

1. 了解毛细管电泳仪的结构及基本操作。
2. 了解毛细管电泳分离的基本原理。
3. 了解影响毛细管电泳分离的主要操作条件。
4. 掌握标准曲线法的定量方法。

一、基本原理

乙酰水杨酸（又称阿司匹林）是一种常用的解热、镇痛、抗炎药物，自问世以来的近百年里，一直是世界上最广泛应用的药物之一。近年来，又被用于预防心血管疾病。游离水杨酸是阿司匹林在生产过程中由于乙酰化不完全而带入或在贮存期间阿司匹林水解产生的。水杨酸对人体有毒性，刺激肠胃道产生恶心、呕吐。

毛细管电泳（capillary electrophoresis，CE）：以高压电场为驱动力，以电解质为电泳介质，以毛细管为分离通道，样品组分依据淌度和分配行为的差异而实现分离的一种色谱方法。由于毛细管内径小，表面积和体积的比值大，易于散热，因此毛细管电泳可以减少焦耳热的产生，这是CE和传统电泳技术的根本区别。CE既可以分离带电荷的溶质，也可以通过毛细管胶束电动色谱等分离模式分析中性溶质，CE的高分离效率、高检测灵敏度，样品用量极少等特点使它在生物医药样品的分析中显示出突出的优越性。

CE所用的石英毛细管柱，在pH>3.0情况下，其内表面带负电，和溶液接触时形成了一双电层。在高电压作用下，一定介质中的带电离子在直流电场作用下的定向运动称为电泳。电泳有自由电泳和区带电泳两类，区带电泳是将样品加于载体上，并加一个电场。在电场作用下，各种性质不同的组分以不同的速率向极性相反的两极迁移。利用样品与载体之间的作用力的不同，并与电泳过程结合起来，以期得到良好的分离。因此，本实验通过使用毛细管电泳法对阿司匹林中水杨酸含量进行定性定量测量，得出阿司匹林中水杨酸的含量。

二、仪器与试剂

1. 仪器

高效毛细管电泳仪，注射器若干，带盖子的小瓶子若干，移液管，容量瓶，分析天平，药匙，烧杯，洗耳球，pH计。

2. 试剂

水杨酸，四硼酸钠，氢氧化钠，盐酸，阿司匹林样品，去离子水。

三、实验内容与步骤

（1）配制 30mmol/L 四硼酸钠缓冲溶液　调 pH 至 9.0。

（2）配制 0.1mmol/L 氢氧化钠溶液。

（3）配制阿司匹林样品溶液（备用）　取 5 片阿司匹林药片研碎，将其倒入烧杯中，加去离子水 30mL，超声溶解 10min，上层清液用 0.45μm 滤头过滤后转入 100mL 容量瓶备用。

（4）配制 1g/L 的水杨酸标准储备溶液（备用）　用标准储备溶液分别配制 0、20、50、150、200mg/L 的水杨酸标准溶液。

（5）将所有溶液（缓冲液、氢氧化钠、水、标准溶液、样品）经 0.45μm 滤头过滤后装入小瓶子中。

（6）测定　毛细管柱在使用前分别用 0.1mmol 氢氧化钠溶液和去离子水及缓冲液冲洗 3min 后，在运行电压下平衡 10min。以后每次进样前均用缓冲液冲柱，在运行电压下平衡 5min。本实验采用电迁移进样（20kV、0.5s）。高压端进样，低压端检测，20kV 的工作电压，检测波长为 214nm。

四、实验数据与处理

（1）以色谱峰面积为纵坐标。水杨酸标准系列溶液的浓度为横坐标，绘制标准曲线。

（2）根据试样溶液色谱图中水杨酸面积，查出试样溶液中水杨酸的含量，并计算阿司匹林样品中水杨酸的含量。

五、注意事项

（1）在实验过程中，应注意补充清洗毛细管用的水、碱液及缓冲液。

（2）样品及缓冲液用 0.45μm 微孔滤膜过滤后方可使用。

（3）仪器运行期间不得打开样品盖（sample cover），只有托盘在加载（load）状态才可以打开样品盖和卡盒盖（cartridge cover）。

（4）每次做完实验后，均要用水冲洗 5~10min，并将毛细管两端置于水中保存养护。如果长期不用，应将毛细管用氮吹干后再关机，关机之前必须使样品及缓冲溶液托盘处于 Load 状态。

1. 毛细管电泳分离原理是什么？
2. 如何确定检测波长？

|第十三章|

热分析法

实验一 热分析法测定五水硫酸铜（$CuSO_4 \cdot 5H_2O$） 结晶水的结构

目的与要求

1. 理解热分析的原理和应用。
2. 掌握五水硫酸铜（$CuSO_4 \cdot 5H_2O$）结晶水的结构。

一、基本原理

五水硫酸铜（$CuSO_4 \cdot 5H_2O$）是重要的无机盐，广泛用于化学工业、农药及医药等领域。$CuSO_4 \cdot 5H_2O$ 的应用特性主要决定于其结构特征，尤其是结晶水的结合状态。其结晶水的结合状态可以用热分析方法进行探究，掌握其结构性能才能更好地将 $CuSO_4 \cdot 5H_2O$ 应用于各领域。

热分析法是样品在特定气氛下，利用程序升温，测量样品在升温过程中质量的变化，以及测量样品在熔化、分解、凝固等过程中吸收或放出的热量，然后通过数据采集系统，绘制出质量随温度变化曲线（TG 曲线）和热量随温度变化曲线（DSC 曲线）。利用 TG 和 DSC 曲线进行研究各种样品的物理性能。

二、仪器与试剂

1. 仪器

DTG-60H 差热-热重联用仪（日本岛津）。

2. 试剂

$CuSO_4 \cdot 5H_2O$（分析纯），高纯氮气（≥99.999%）。

三、实验内容与步骤

1. 测试条件

升温程序：室温至 320℃，5℃/min；载气：氮气；载气流速：50mL/min；坩埚类型：氧化铝坩埚；样品质量：40mg。

2. 样品制备

市售 $CuSO_4 \cdot 5H_2O$（分析纯）无须任何处理，直接上样。

3. 样品测定

首先用两个空白氧化铝坩埚，一个为参比坩埚，一个为空白坩埚，按照相同的测试条件测出空白基线。然后在空白坩埚里装入 40mg $CuSO_4 \cdot 5H_2O$，以相同测试条件测出 $CuSO_4 \cdot 5H_2O$ 的 TG 曲线和 DSC 曲线，若基线发生飘移，在数据处理过程中扣除基线。

四、实验数据与处理

（1）以 TG 曲线分析 $CuSO_4 \cdot 5H_2O$ 中 5 个结晶水的脱水过程，大致分为 3 步，75℃左右失去 2 个结晶水，理论失重率为 14.4%；100℃失去 2 个结晶水，理论失重率为 14.4%；215℃失去最后一个结晶水，理论失重率为 7.2%。

（2）以 DSC 曲线上峰的方向来判定是吸热过程还是放热过程，$CuSO_4 \cdot 5H_2O$ 的 DSC 曲线峰向下，表示脱水过程是吸热过程；以峰面积计算 $CuSO_4 \cdot 5H_2O$ 脱水过程中吸收的热量。

五、注意事项

（1）注意坩埚类型的选择。

（2）注意气体种类的选择。

思考题

1. 升温速率的大小有哪些影响？
2. 样品量的多少对测量结果有哪些影响？

实验二　热分析法研究颗粒燃料的燃烧性能

目的与要求

1. 理解热分析的原理和应用。
2. 了解颗粒燃料的燃烧过程。

一、基本原理

颗粒燃料是由生物废弃物通过挤压成型而制备的一种颗粒状燃料，因材料的种类不同，其燃烧性能有很大差别，生产过程中势必要优化提高其燃烧性能。热分析法便是研究燃烧性能的良好方法。

热分析法是样品在特定气氛下，利用程序升温，测量样品在升温过程中质量的变化，以及测量样品在熔化、分解、凝固等过程中吸收或放出的热量，然后通过数据采集系统，绘制出质量随温度变化曲线（TG 曲线）和热量随温度变化曲线（DSC 曲线）。利用 TG 和 DSC 曲线进行研究各种样品的物理性能。

二、仪器与试剂

1. 仪器

DTG-60H 差热-热重联用仪（日本岛津）。

2. 试剂

市售颗粒燃料，空气。

三、实验内容与步骤

1. 测试条件

升温程序：室温至 800℃，15℃/min；载气：空气；载气流速：50mL/min；坩埚类型：氧化铝坩埚；样品质量：5mg。

2. 样品制备

市售颗粒燃料不需要任何处理，直接上样。

3. 样品测定

首先用两个空白氧化铝坩埚，一个为参比坩埚，一个为空白坩埚，按照相同的测试条件测出空白基线。然后在空白坩埚里装入 5mg 颗粒燃料，以相同测试条件测出颗粒燃料的 TG 曲线和 DSC 曲线，若基线发生飘移，在数据处理过程中扣除基线。

四、实验数据与处理

（1）以 TG 曲线分析颗粒燃料的燃烧过程。

（2）以 DSC 曲线上峰的方向来判定是吸热过程还是放热过程。

五、注意事项

放置或取下样品时，应轻拿轻放，避免大力按压托盘，造成仪器天平结构变形。

1. 颗粒燃料燃烧过程分为几个部分？
2. 样品量的多少对测量结果有哪些影响？

参考文献

[1]刘雪静．仪器分析实验[M]．北京:化学工业出版社,2019.

[2]蔺红桃,柳玉英,王平．仪器分析实验[M]．北京:化学工业出版社,2020.

[3]杨万龙,李文友．仪器分析实验[M]．北京:科学出版社,2008.

[4]王淑华,李英红．仪器分析实验[M]．北京:化学工业出版社,2019.

[5]干宁,沈昊宇,贾志舰,等．现代仪器分析实验[M]．北京:化学工业出版社,2019.

[6]李成平．现代仪器分析实验[M]．北京:化学工业出版社,2013.

[7]王世平．现代仪器分析实验技术[M]．北京:科学出版社,2019.

[8]薛晓丽,于加平,韩凤波．仪器分析实验[M]．北京:化学工业出版社,2020.

[9]中华人民共和国国家卫生和计划生育委员会,国家食品药品监督管理总局．GB 5009.33—2016 食品安全国家标准 食品中亚硝酸盐与硝酸盐的测定[S]．北京:中国标准出版社,2016.

[10]中华人民共和国国家卫生和计划生育委员会,国家食品药品监督管理总局．GB 5009.87—2016 食品安全国家标准 食品中磷的测定[S]．北京:中国标准出版社,2016.

[11]中华人民共和国水利部．SL 78~94—1994 水质分析方法[S]．北京:中国标准出版社,1995.

[12]国家市场监督管理总局,中国国家标准化管理委员会．GB/T 6908—2018 锅炉用水和冷却水分析方法 电导率的测定[S]．北京:中国标准出版社,2019.

[13]环境保护部．HJ 802—2016 土壤 电导率的测定 电极法[S]．北京:中国标准出版社,2016.

[14]陕西省市场监督管理总局．DB 61/T 1306—2019 水质 氯化物的测定 全自动电位滴定法[S]．北京:中国标准出版社,2019.

[15]中华人民共和国国家卫生和计划生育委员会．GB 5009.227—2016 食品安全国家标准 食品中过氧化值的测定[S]．北京:中国标准出版社,2016.

[16]周金渭,董小梅,徐功骅．鲁米诺的发光[J]．大学化学,1996,2(11):31-32.